GERTA BAUER
Landschaftsökologisches
Gutachten für die
Stadt Meerbusch

BEITRÄGE
ZUR
LANDES-
ENTWICKLUNG

29

Herausgegeben vom
Referat
Landschaftspflege

1973
Landschaftsverband Rheinland · Köln

GERTA BAUER

Landschaftsökologisches Gutachten für die Stadt Meerbusch

mit 13 Abbildungen, 5 Tabellen und 6 Karten im Anhang

1973
Rheinland-Verlag GmbH · Köln
in Kommission bei Rudolf Habelt Verlag GmbH · Bonn

Erarbeitet im Auftrag der Stadt Meerbusch, D-4005 Meerbusch 1, Postfach 7
und des Landschaftsverbandes Rheinland — Referat Landschaftspflege —, D-5000 Köln 21, Kennedy-Ufer 2.
Als Manuskript vorgelegt am 20. 12. 1972, überarbeitet 1973.
Anschrift der Verfasserin:
Diplom-Biologin Dr. Gerta Bauer, D-5100 Aachen-Richterich, Im Erkfeld 1.

Der Umschlag zeigt Ausschnitte der ökologischen Auswertekarte zur Bodenkarte 1 : 50 000
von NW (Blatt Krefeld).
Herausgeber: Landschaftsverband Rheinland — Referat Landschaftspflege —, Köln 1973.
Vertrieb: Rheinland-Verlag GmbH Köln, Landeshaus, Kennedy-Ufer 2.

Für den Inhalt der Arbeit ist die Verfasserin verantwortlich.
© 1973 Landschaftsverband Rheinland — Referat Landschaftspflege —
Schriftleitung: Ursula Kisker
Umschlaggestaltung: Gregor Kierblewsky
Herstellung: Publikationsstelle des Landschaftsverbandes Rheinland
Druck: Weiss-Druck Monschau
ISBN 3 — 7927 — 0187 — 1

Vorbemerkung

Die vorliegende Untersuchung wurde auf Veranlassung der Stadt Meerbusch als Grundlage für eine Landschaftsplanung erarbeitet. Dieses landschaftsökologische Gutachten ist damit ebenso wie die Landschaftsplanung eingebettet in den weiten Gesamtkomplex der Stadtentwicklungsplanung mit vielfältigen sozialen, räumlichen, technischen, wirtschaftlichen und anderen Aspekten. Interdisziplinäres Zusammenwirken mit dauernden Koordinierungszwängen für die einzelnen selbständig, aber parallel wirkenden Planergruppen war dabei die Grundlage der inzwischen abgeschlossenen ersten Planungsstufe für die künftige Entwicklung der am 1. 1. 1970 neugebildeten Stadt Meerbusch.

In diesem Rahmen sollten die vorgelegten Untersuchungsergebnisse der Landschafts- und Stadtentwicklungsplanung als Entscheidungshilfe dienen. Sie werden in der Zukunft auch bei den weiteren Einzelplanungen in vielfacher Hinsicht von Nutzen sein. Gleichzeitig stellt das Gutachten eine Ergänzung des landschaftsökologischen Grundlagenmaterials für den Kreis Grevenbroich dar.

Die Beauftragung der Verfasserin zur Erarbeitung eines landschaftsökologischen Gutachtens erfolgte im Februar/März 1972 gemeinsam durch die Stadt Meerbusch und den Landschaftsverband Rheinland. Die Arbeit wurde unter fachlicher Leitung des Referates Landschaftspflege durchgeführt und konnte im Dezember 1972 abgeschlossen werden.

Durch Veröffentlichung werden die landschaftsökologischen Grundlagen des untersuchten Gebietes auch einem größeren Kreis zugänglich gemacht, da die Arbeit neben dem allgemeinen wissenschaftlichen Interesse erforderliches Grundlagenmaterial für Fachbehörden sowie für die Landes- und Entwicklungsplanung in Nordrhein-Westfalen bietet.

Meerbusch - Köln, im Dezember 1973

Stadt Meerbusch
Technisches Dezernat

Landschaftsverband Rheinland
Referat Landschaftspflege

Landschaftsökologisches Gutachten für die Stadt Meerbusch

mit 13 Abbildungen, 5 Tabellen und 6 Karten im Anhang

Inhaltsverzeichnis

11		Einleitung
12	**I**	**Landschaftsanalyse**
12	1.	Die Lage des Plangebietes „Stadt Meerbusch" in der niederrheinischen Landschaft
13	2.	Naturräumliche Gliederung
13	3.	Geologischer Aufbau
13	4.	Oberflächengestalt (Morphologie)
15	5.	Hydrologie
15	5.1.	Oberflächengewässer
16	5.2.	Grundwasser
17	6.	Klima
17	6.1.	Temperaturklima
18	6.2.	Niederschlagsklima
18	6.3.	Luftfeuchte, Nebel, Schwüle
18	6.4.	Windklimatische Verhältnisse
18	6.5.	Geländeklima
19	6.6.	Erläuterung der Karte des Geländeklimas
19	7.	Böden
22	8.	Potentielle natürliche Vegetation
28	**II**	**Ökologische Raumeinheiten — Landschaftsdiagnose — Planungskonsequenzen**
28	1.	Ausgliederung und Diagnose der ökologischen Raumeinheiten
28	1.1.	Weichholzaue
28	1.2.	Hartholzaue
30	1.3.	Altstromrinnen in der überflutungsfreien Rheinaue
30	1.4.	Niederterrasseninseln in der Rheinaue
31	1.3./4.	Ilvericher Rheinschlinge
33	1.5.	Dünenreste
34	1.6.	Niederterrassenplatten
36	1.7.	Altstromrinnen der Niederterrasse mit mineralischen Grundwasserböden
37	1.8.	Altstromrinnen der Niederterrasse mit organischen Grundwasserböden (Moorböden)
38	1.9.	Kempener Lehmplatte
39	2.	Erläuterung der Karte der Landschaftsdiagnose
40		**Zusammenfassung** — Planungskonsequenzen für die Stadtentwicklung aus landschaftsökologischer Sicht —
41		Literaturverzeichnis
41		Benutzte Karten und Unterlagen

Verzeichnis der Karten im Anhang

Karte 1: Oberflächengestalt (Morphologie)

Karte 2: Oberflächengewässer

Karte 3: Geländeklima

Karte 4: Potentielle natürliche Vegetation

Karte 5: Ökologische Raumeinheiten

Karte 6: Landschaftsdiagnose

Einleitung

Die vorliegende landschaftsökologische Untersuchung der Stadt Meerbusch analysiert die ökologisch wirksamen Faktoren in diesem Landschaftsraum. Landschaftsökologie ist die Lehre von den Beziehungen der einzelnen landschaftsbestimmenden Faktoren und ihren Wechselwirkungen. Faktorenkombinationen, die in Wechselwirkungen miteinander stehen, bilden ein System, in diesem Fall ein landschaftliches Ökosystem. Man könnte es auch als Umweltsystem bezeichnen. Solche Faktoren (= landschaftsökologische Systemelemente) sind: Relief, Wasser, Klima, Boden, Vegetation und Tierwelt.

Es wurde daher eine **Analyse der einzelnen Landschaftsfaktoren** vorgenommen. Die Ergebnisse dieser Landschaftsanalyse lassen Schlüsse auf das ökologische Gefüge der Landschaft sowie auf die zwischen den Einzelfaktoren bestehenden Wechselbeziehungen zu.

Die Kenntnis der landschaftsökologischen Systemelemente führt zur Ausgliederung von **ökologischen Raumeinheiten**. Sie sind die Bausteine der landschaftlichen Umwelt des Menschen, aus der alle Lebewesen letztlich die lebensnotwendigen Stoffe abiotischer und biotischer Natur beziehen.

Aus der Landschaftsanalyse und der ökologischen Raumgliederung folgt die **Diagnose der ökologischen Raumeinheiten**: Es werden die Einzelfaktoren der Ökosysteme in ihrer Genese, ihrem Wirkungsgefüge und ihrer voraussichtlichen Weiterentwicklung untersucht. Damit ergibt die diagnostische Erfassung der Landschaft Aussagemöglichkeiten über die Umweltqualitäten, über das Ausmaß der Einwirkung von Störfaktoren und technischen Eingriffen auf den Naturhaushalt, sie gibt Hinweise auf Belastungsgrenzen und Entwicklungstendenzen in der Landschaft.

Aus der ökologischen Raumgliederung und Landschaftsdiagnose lassen sich **planerische Konsequenzen** ableiten, die als Entscheidungshilfe der Landschafts- und Stadtplanung dienen sollen. Bei Planungsentscheidungen wird es von der Abstimmung der Nutzungsansprüche auf die ökologischen Gegebenheiten der Landschaft abhängen, ob — trotz steigender Raumbeanspruchung und Belastung der Umweltsysteme — die noch vorhandenen Umweltqualitäten erhalten bleiben und Störungen beseitigt werden.

Die Stadt Meerbusch liegt in der Ballungsrandzone. Sie zeichnet sich aus durch den Besitz noch intakter landschaftlicher Freiräume von hohem Erholungswert. Durch die Lage zwischen den städtischen Ballungsräumen Neuss, Düsseldorf und Krefeld mit ihren weitgehend erschöpften Landschaftsreserven kommt dem Raum Meerbusch eine überkommunale Erholungsfunktion zu.

Diese Funktion ist wesentliches Merkmal des Stadtgebietes. Darüber hinaus besitzt die Stadt Meerbusch ökologische Ausgleichsfunktionen für die Ballungsräume im Sinne der Regeneration der natürlichen Lebensgrundlagen (Wasser, Boden, Luft, Vegetation etc.).

Die geplante Stadtentwicklung führt nur dann nicht zu Konflikten mit dem ökologischen Leistungspotential, wenn die bei der Stadtentwicklung notwendigen Eingriffe in die landschaftliche Substanz unter größtmöglicher Schonung der ökologisch intakten Bereiche erfolgt. Zusätzlich sind umfangreiche Schutz- und Pflegemaßnahmen in der Landschaft notwendig.

I Landschaftsanalyse

1. Die Lage des Plangebietes „Stadt Meerbusch" in der niederrheinischen Landschaft

Grenzen:

Nordgrenze: Stadt Krefeld (Politische Grenze)
Südgrenze: Stadt Neuss (Politische Grenze)
Ostgrenze: Rheinstrom (Natürliche Grenze)
Westgrenze: Im südlichen Teil: Altstromrinne am Rande der Krefelder Mittelterrasse (Natürliche Grenze)
Im nördlichen Teil: Gemarkungsgrenze Osterrath auf der Kempener Lehmplatte (Politische Grenze)

Die Lage des Plangebietes zwischen den Großstädten Neuss, Krefeld und Düsseldorf bedingt einen immer stärker werdenden Druck auf die dort noch vorhandenen Freiräume durch Siedlung, Verkehrserschließung und Erholungsansprüche.

Problem: Als Ballungsrandzone droht dem Gebiet die Aufzehrung durch die benachbarten Städte.
Zielvorstellung: Abgrenzung des Gebietes gegenüber den benachbarten Städten. Erhaltung der noch naturnahen Landschaftsstrukturen.
Weg: Naturräumliche Grenzen durch landschaftsplanerische und städtebauliche Gestaltungsmaßnahmen transparent erhalten. Politische Grenzen können nur durch städtebauliche Strukturen in Erscheinung treten.

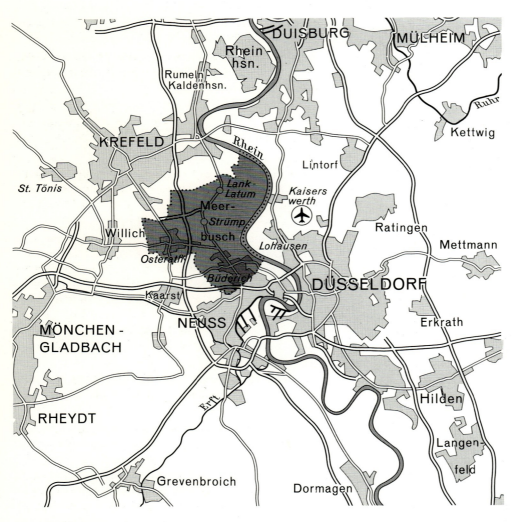

Abb. 1: Lage im Raum

2. Naturräumliche Gliederung

Naturräumlich gehört der überwiegende Teil des Planungsraumes der Niederterrasse des Rheins an. Dieser Naturraum zeigt deutlich die Spuren der fluviatilen Tätigkeit des nacheiszeitlichen Rheinstroms. Seine gesamte Oberflächenstruktur ist von Hochflutbildungen bestimmt.

Die in die Niederterrasse eingetiefte Überflutungsaue des Rheins (Oberkasseler und Uerdinger Aue — Höhendifferenz etwa 2—4 m) ist heute auf das Deichvorland eingeengt. Die eindrucksvollste Hochflutbildung der Rheinaue stellt die Ilvericher Rheinschlinge dar.

Die nördlich der Altrheinschleife anschließenden **Lank-Latumer Niederterrasseninseln** stellen eine von alluvialen Rinnen zertalte naturräumliche Einheit dar (vgl. PAFFEN u. a. 1963).

Die Niederterrasse ist von zahlreichen Altstromrinnen durchzogen. Die eindrucksvollsten noch erhaltenen derartigen Bildungen sind das Rinnensystem westlich von Büderich und Meerer Busch sowie die bei Langst-Kierst beginnende, zunächst nach W verlaufende und westlich von Lank-Latum nach NO abbiegende Altstromrinne.

Zwischen die tiefliegenden Altstromrinnen am Rande der Kempener Lehmplatte und die stromnahen Rheinrinnen schiebt sich die Niederterrasse, eine schmale, höher gelegene Terrassenleiste aus Hochflutlehmen und -sanden, die ihrerseits wiederum von engen Altstromrinnen (teils von Bächen durchflossen) zergliedert wird. Sie wird als **Neusser Terrassenleiste** bezeichnet.

Im Westen schließt sich die **Krefelder Mittelterrasse** an (Unterste Mittelterrasse), die naturräumlich zur **Kempener Lehmplatte** gehört (Gebiet um Osterrath).

3. Geologischer Aufbau

Als Quelle wurde das ingenieurgeologische Gutachten des Geologischen Landesamtes (KALTERHERBERG, 1972) benutzt. Auf die für Gründungsfragen wichtige Karte 3 „Schnitt in 2 m Tiefe" des genannten Gutachtens sowie auf die Auswertung dieser Karte im Hinblick auf Bauwerksgründungen soll hier verwiesen werden.

Untergrund:

Tiefere Schichten:

feinsandig-schluffige Meeressedimente des Tertiärs

Mächtigkeit: über 100 m

Lagerungsverhältnisse:

8—30 m unter Geländeoberkante ansteigend, im Rheinbett vereinzelt angeschnitten.

Oberflächennahe Schichten:

Kiessande der vorletzten Eiszeit (Mittelterrassenschotter),

im Westen bis an die Oberfläche reichend (Kempener Lehmplatte),

sonst größtenteils wieder ausgeräumt, durch Niederterrassenschotter ersetzt.

Oberfläche:

Mittelterrasse (Kempener Lehmplatte):
Lößlehme, 1—3 m mächtig, über Sand und Kiessand

Niederterrasse:

Nacheiszeitliche Hochflutbildungen, 1—3 m mächtig: Lehme, Sande, kiesige Sande
In Rinnen: bindige, tonig-lehmige Sedimente sowie junge Bruchmoortorfe (Verlandung)

4. Oberflächengestalt (Morphologie)
— Erläuterung der Karte der Oberflächengestalt —

Allgemeine Charakterisierung

Die Karte der Oberflächengestalt (Morphologie) zeigt deutlich den für eine Flußterrassenlandschaft charakteristischen Aufbau.

Von der tiefsten Geländestufe, der **Rheinaue**, steigt sie zur **Niederterrasse** und dann zur nächsthöheren Stufe der **Mittelterrasse** an.

Typisch für die Tallandschaft des Niederrheins sind die niedrigen Sprunghöhen der **Terrassenränder**, die die einzelnen Terrassenverebnungen voneinander trennen.

In der Entstehungsgeschichte der Rheintallandschaft entsprechen die Terrassenränder den **Talrandbögen** (Erosionsränder) des Rheins, während die **Terrassenverebnungen** alte **Talböden** darstellen.

Die Rheinaue

Die an den Strom anschließende Rheinaue (nacheiszeitliches Hochflutbett des Rheins) ist morphologisch gegliedert in die höher gelegene Inselterrasse (oberhalb 32,5 m über NN) und die tiefliegenden Altstromrinnen (zwischen 32,5 und 29,0 m über NN). Sie grenzt im Westen an die Niederterrasse (4—6 m hoher Terrassenrand).

Der **südliche Rheinauen-Bereich** (von Büderich bis zur Ilvericher Rheinschlinge) besitzt ein wenig ausgeprägtes Kleinrelief.

Die **Ilvericher Rheinschlinge** fällt mit Meereshöhen unter 30 m als sehr junge, etwa auf das Niveau der mittleren Hochwasserlinie ausmündende Rinnenbildung auf, die noch in jüngster Zeit aktiv war (mündliche Mitteilung: PAAS, Krefeld). Sie wird von einer flachen Inselterrasse (bis etwa 33,8 m über NN) überragt.

Im **Lank-Latumer Raum** weitet sich die Rheinaue stark nach Westen aus und ist von deutlich ausgeprägten **Altstromrinnen** durchzogen. Innerhalb der Lank-Latumer Inselterrasse liegt ein **Dünenzug**: Heidberger Mühle, Vorstenberg und Heidberg mit Meereshöhen bis zu 38,5 m über NN.

Durch die **Winterbedeichung** ist die Rheinaue heute künstlich begrenzt, so daß ursprünglich zur Aue gehörige Bereiche hochwasserfrei sind. Der Rhein hat infolge dieser Einengung mit der Tiefenerosion seines Bettes begonnen.

Die Niederterrasse

Im Westen schließt die **Niederterrasse** an die Aue an. Sie ist in schmale, flache Terrassenplatten (bis 39,0 m über NN) und ältere Stromrinnen gegliedert. Die Altstromrinnen münden auf die Rheinaue aus (Meereshöhen etwa 32,5 – 33,5 m über NN).

Die Krefelder Mittelterrasse

Westlich schließt sich die **Krefelder Mittelterrasse** an mit einer Sprunghöhe von 4 – 6 m (35 – 41,5 m über NN). Sie ist eine fast ebene, reliefschwache Terrassenplatte: Unter der Lößdecke schimmert das alte Relief der Stromrinnen noch durch.

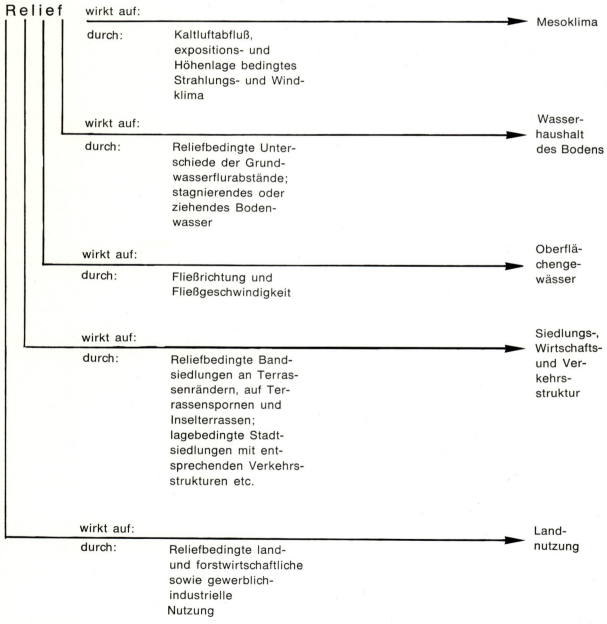

Abb. 2: Wirkungsschema Relief

5. Hydrologie

5.1. Oberflächengewässer

Rhein

Vorfluter für alle Oberflächengewässer des Untersuchungsgebietes.

Typischer Tieflandstrom mit weit schwingenden Mäandern und **breiter Überflutungsaue**. Die **Hochwässer** treten mit einem Winter- und einem Sommermaximum auf und können bis zu 4 m über den mittleren Wasserstand anschwellen.

Ohne **Deichschutz** würden bei Hochwasser weite Flächen des jetzt überflutungsfreien Auenbereichs unter Wasser stehen.

Probleme der **Rheinwasserverschmutzung** berühren den Raum Meerbusch wie alle übrigen Stromanlieger zumal die Uferfiltratgewinnung zur Trinkwasserversorgung dadurch erheblich erschwert wird.

Tabelle 1:

Bachläufe — Ständig oder fast ständig wasserführende Fließgewässer —

Bachlauf	Quellgebiet	Entwässerungs- bzw. Einzugsgebiet	Mündungsgebiet	Zustand Belastung
Stinkesbach	Niederterrasse südlich des Stadtgebietes	südliches Stadtgebiet: Raum Niederdonk-Büderich, hier teilweise verrohrt sowie Rinne bei Niederdonk	Rhein, nördlich von Büderich	bis Büderich mäßig belastet, unterhalb Büderich stark belastet
Mühlenbach	Niederterrasse	Bruchgebiet östlich von Broicherseite am Mittelterrassenrand, Südteil der Ilvericher Rheinschlinge — hier weitere Wasserläufe aufnehmend	Ilvericher Rheinschlinge sowie weiter in den Rhein	geringe Belastung bis zur Einmündung in die Rheinschlinge. Von hier ab stärker belastet (Kläranlage Strümp und Düsseldorf-Nord)
Langenbruchsbach	Lanker Bruch	Lanker Bruch, Gebiet zwischen Ilverich und Lank-Latum	Rhein	teilweise stark belastet (Raum Lank), zeitweise sehr geringe Wasserführung
Striebruchsbach	Herrenbusch	Herrenbusch und Gebiet nördlich von Strümp sowie Bösinghoven	verläßt das Stadtgebiet nördlich von Lank-Latum, dort O e l v e s b a c h genannt	starke bis mittlere Belastung
Gräben westlich von Strümp	westlich von Strümp	Gebiet westlich von Strümp	setzt sich nach Norden in Gräben fort, nicht ständig wasserführend	gering bis mäßig belastet
Krings-Gräben	nördliche Ilvericher Rheinschlinge	nördliche Ilvericher Rheinschlinge	Rhein	starke Belastung

Kiesbaggerteiche

Auf der Niederterrasse, am Rande der Mittelterrasse sowie im Rheinauenbereich.

Infolge des oberflächennahen Grundwassers fast ausnahmslos mit Grundwasserkontakt.

Nutzung:
Erholung am Wasser (bei ausreichender Größe).

Beschränkungen:
Wegen Grundwasserkontakt keine Nutzung als Mülldeponien. Zur Aufnahme von abwasserbelasteten Oberflächenwässern nicht geeignet. Probleme der Nutzung als Erholungsgewässer ergeben sich bei weiterem Absinken des Grundwasserspiegels (Trockenfallen von Grubenseen). Es wird daher empfohlen, bei Einzelplanungen hydrologische Spezialgutachten einzuholen.

5.2. Grundwasser

1. In Rheinnähe schwanken die Grundwasserflurabstände mit dem Rheinpegel (Eindringen von Uferfiltrat in die oberen freien Grundwasserhorizonte bei steigendem Rheinpegel, bzw. Grundwasseraustritt in das Strombett bei fallendem Rheinpegel). Verbindungen des Grundwasserstromes mit der rechtsrheinischen Aue ist anzunehmen.

2. Der Grundwasserstrom ist von WSW nach ONO gerichtet. Er fällt von + 36,5 m über NN (westlich Osterath) auf + 27,0 m (bei Langst-Kierst) bzw. + 26,0 m (östlich Nierst). Das Grundwassergefälle beträgt 10 m auf 7—9 km; es ist um 2 m steiler als das Gefälle des Geländes. Westlich der Ilvericher Rheinschlinge tritt eine Raffung und Ausbuchtung der Grundwassergleichen nach W ein, so daß sich hier ein steileres Gefälle des Grundwasserstromes nach Osten ergibt (KALTERHERBERG, 1972).

3. Die Grundwasserganglinien (1950—1971) zeigen in 3—5jährigen Perioden schwankende Grundwasserstände (Beispiel Strümp: + 31,65 — 29,76 m über NN; maximale Spiegelschwankungen von 1,90 m).

4. Aufgrund der neueren Bodenkartierungen macht sich eine Absenkung des Grundwassers bemerkbar.

5. Typisch für das Niederterrassengebiet ist die Abhängigkeit des Grundwasserflurabstandes von der Geländemorphologie und Geologie:

In Altstromrinnen (z. T. heute zusedimentiert) steht das Grundwasser 0—1 m unter Flur (vgl. Karte), während es an den Rändern rasch auf 1—2 m bzw. 2—3 m unter Flur absinkt (KALTERHERBERG, 1972). Auf den höher gelegenen Flächen betragen die Flurabstände 3—4 m. Die grundwasserfernsten Flächen sind die Inselterrassen bei Lank-Latum (GW-Flurabstand = 4—5 m) sowie die westlichen Mittelterrassengebiete bei Osterath mit Flurabständen von 3—5 m. Das Gebiet Büderich-Meerer Busch besitzt Flurabstände von 3—4 m.

Tabelle 2:

Bodennutzung und Grundwasserflurabstand

Grundwasserflurabstand	Ursprünglicher Zustand	Heutige Nutzung	Natürliche Eignung
0 — 1 m	Niedermoor, Bruchwald. Im Rheinauenbereich: Auenwald	Pappelforsten, Bruchwaldreste, Grünland. In Absenkungsgebieten Ackerbau, keine Siedlung	Erholung, ökologische Regenerationsgebiete, Wassergewinnungs- und Grundwassererneuerungsgebiete, Natur- und Landschaftsschutz, für Bebauung ungeeignet.
1 — 2 m	Feuchte Waldgesellschaften. Im Rheinauenbereich: Auenwald	Grünland, z. T. Pappelforsten, Ackerbau nach Grundwasserabsenkung, geringe Besiedlung	Erholung, ökologische Regenerationsgebiete, Landschaftsschutzgebiete, Wassergewinnung und Grundwassererneuerung, für Bebauung ungünstig oder ungeeignet.
2 — 5 m	Verschiedene Waldtypen je nach Boden; Flächen ohne stärkeren Grundwassereinfluß auf die oberen Bodenschichten.	Ackerland, Siedlungsgebiet, nur auf ungünstigen Böden, Wald.	Ackerbau, durchgrünte Siedlungsstandorte. Für Bebauung gut geeignet.

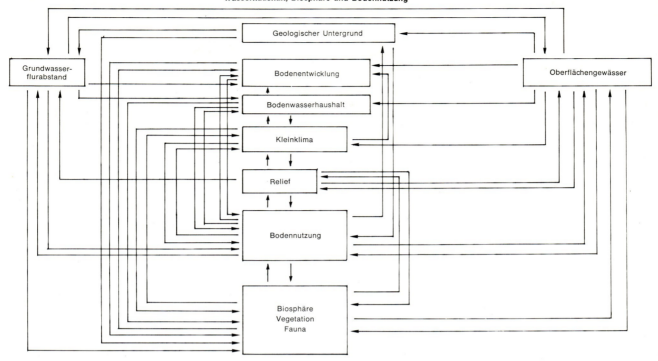

Abb. 3: Strukturschaubild des Wirkungsgefüges zwischen Wasserhaushalt, Biosphäre und Bodennutzung

6. Klima

Als Quelle konnte das „Klimagutachten für das Stadtgebiet Meerbusch" (1971) des Deutschen Wetterdienstes, Wetteramt Essen (Bearbeiter: Oberregierungsrat Back), benutzt werden. Auf die dort aufgeführten Tabellenwerte und Ausführungen wird hier Bezug genommen und verwiesen. Auf großklimatische Zusammenhänge wurde ferner bei BAUER, 1973 ausführlicher eingegangen.

Das Plangebiet liegt am Nordrande der Kölner Bucht in der Übergangszone zum Niederrheinischen Tiefland. Hieraus ergeben sich eine Reihe regionalklimatischer Besonderheiten, die im Gefüge des Gesamthaushaltes der Landschaft wirksam werden.

Die Übergangsstellung zwischen dem zwar ozeanisch getönten, jedoch kontinental abgewandelten trockenwarmen Klima der Kölner Bucht und dem stärker ozeanisch getönten kühl-humiden Klima des Niederrheinischen Tieflandes ist deutlich zu erkennen. Auch die phänologischen Termine sind deutlich später als in der Kölner Bucht (etwa 3 Tage).

6.1. Temperaturklima

Das Temperaturklima ist im langjährigen Mittel 0,5° kühler als in der Kölner Bucht. Insgesamt läßt sich ein deutliches Temperaturgefälle von Süden nach Norden feststellen. In den Einzelwitterungen prägen sich diese Unterschiede noch wesentlich deutlicher als in den langjährigen Mitteln aus.

Mittlere Januar-Temperatur:		**Mittlere Juli-Temperatur:**	
Köln	2,0°	Köln	18,0°
Düsseldorf-Südfriedhof	1,9°	Düsseldorf-Südfriedhof	18,4°
Krefeld-St. Tönis	1,7°	Krefeld-St. Tönis	17,9°
Max. Temperaturgefälle von Süden nach Norden:	0,3°	Max. Temperaturgefälle von Süden nach Norden:	0,5°

Die mittlere Zahl der Frosttage in Düsseldorf-Südfriedhof im Jahr beträgt 53,7, während Krefeld-St. Tönis im Jahr 65,1 Frosttage besitzt (Differenz 11,4). Hier machen sich vermutlich schon Einflüsse der Siedlungswärme bemerkbar, zumal die Differenz bei der mittleren Zahl der Sommertage sich nicht annähernd so stark ausprägt (Düsseldorf-Südfriedhof 29,8 Tage; Krefeld-St. Tönis 27,9 Tage).

6.2. Niederschlagsklima

Die mittleren Summen der Jahresniederschläge betragen für Neuss 693 mm, für Düsseldorf-Lohausen 722 mm und für Krefeld-St. Tönis 747 mm. Insgesamt steigen die Niederschläge nach Osten leicht an (Stau vor dem Bergischen Land), ebenso nach N (Wegfall der Leewirkung von Eifel/Hohem Venn).

Das Regenmaximum im Plangebiet wird im Juli und August erreicht (Juli: 67—76 mm, August: 78—84 mm). Die regenärmsten Monate sind Februar (51—56 mm), März (39—43 mm), April (48—53 mm), Oktober (52—56 mm). Die ergiebigsten Niederschläge treten bei W- und SW-Winden auf.

Der Schneeanteil am gesamten Niederschlag ist gering. Anzahl der Schneetage 17,3. Die Schneedeckenhöhe beträgt meist nur wenige cm; Schneehöhen von mehr als 20 cm sind seltene Ausnahmen. Die (allerdings selten auftretenden) kalten Winter sind meist schneearm (Auswinterungsschäden).

6.3. Luftfeuchte, Nebel, Schwüle

Die relative Luftfeuchte zeigt im Gesamtgebiet einen deutlichen Jahresgang. Höchste Werte werden von Oktober bis Februar registriert, während die Monate mit hoher Sonneneinstrahlung (März-September) niedrigere Werte besitzen. Daher tritt im Herbst, Winter und Vorfrühling in erhöhtem Maße Nebelbildung auf, der sich in der Rheinebene meist nur zögernd auflöst.

Die stärkste Nebelbelastung tritt in Rheinnähe sowie in den feuchten Mulden und Altstromrinnen auf, während das Gebiet um Osterrath (Mittelterrasse) die geringste Nebelhäufigkeit aufweist. Für Verkehrs- und Siedlungsplanung wichtig ist auch die Dichte des Nebels, die in den Altstromrinnen und Flutmulden sowie in Rheinnähe erheblich größer ist als auf der Mittelterrasse. Zunahme der Nebelhäufigkeit durch Industrie-Emissionen ist bei Büderich in Rheinnähe zu verzeichnen (vgl. Klimagutachten des Dt. Wetterdienstes, Essen 1971).

6.4. Windklimatische Verhältnisse

Sommer: Hauptwindrichtung SW
Winter: Hauptwindrichtung S und SO

Die Windstärken sind im Gebiet i. a. größer als in der Kölner Bucht. Das bedingt stärkere Durchlüftung, Minderung der sommerlichen Schwüle, jedoch auch Windbelastung auf freien Flächen. Die Neigung zu austauscharmen Wetterlagen ist hier i. a. geringer und damit geht die Smoggefährdung zurück. Jedoch hebt die relativ hohe Nebelbelastung diese Begünstigung in etwa wieder auf.

6.5. Geländeklima

Abweichungen sind bedingt durch
1. Reliefunterschiede:
   a) In tiefliegenden Rinnen und Mulden treten Kaltluftsammlungen auf, die zu vermehrtem Bodenfrost führen.
   b) Von höher gelegenen Geländekanten (z. B. Terrassenrändern) und Hängen kann Kaltluft abfließen. Die Bodenfrostgefahr vermindert sich erheblich.
   c) Reliefbedingte Expositionsunterschiede führen an S- und SO-exponierten Terrassenrändern und Hängen zu einer rascheren Erwärmung infolge intensiver Einstrahlung. Sie sind jedoch wegen der geringen Reliefenergie nur schwach ausgebildet.
   d) Schwülebildung tritt in schlecht ventilierten, bodenfeuchten Rinnenlagen stärker in Erscheinung. Diese Situation kann durch Fehlentwicklungen im Siedlungsbereich verschärft werden.

2. Wasser- und Lufthaushalt des Bodens (Wirkung auf die bodennahe Luftschicht):
   a) Nasse Böden besitzen hohe Wärmeleitfähigkeit. Daher rasche Wärmeaufnahme. Die Wärme wird der bodennahen Luftschicht entzogen, diese also kühler.
   b) Nasse Böden zeigen hohe Verdunstungsrate: Wärmeverlust tritt in bodennahen Luftschichten auf.
   c) Über trockenen Sandböden erwärmt sich die bodennahe Luftschicht rasch. Es treten nur geringe Wärmeverluste durch Verdunstung auf.

3. Vegetationsbedeckung:
   a) Waldklima ist ausgeglichen, d. h. geringere Tages- und Jahresschwankungen der Lufttemperatur als auf freien Flächen.
   b) Auf freien Flächen erhöhte Ein- und Ausstrahlung, daher hohe Amplituden im täglichen und jährlichen Temperaturgang (vgl. BAUER, 1973).

4. Große Wasserflächen:
   Sie wirken ausgleichend auf die Lufttemperaturen: Wasser ist ein hervorragender Wärmespeicher. Es erwärmt sich jedoch langsamer als der Boden. Auswirkung auf die Rheinaue: Im Winter Temperaturerhöhung gegenüber der Niederterrasse um 0,2 — 0,3°; im Sommer Temperaturerniedrigung um den gleichen Betrag.

5. Stadtklimatische Abweichungen:
   Stärkere Entwicklung von Siedlungswärme ist nur im Raum Büderich zu erwarten. Sie wird jedoch bei zunehmender baulicher Verdichtung bei der Stadtentwicklung zu berücksichtigen sein (EMONDS, 1954). Die Neigung zu Bodenfrösten ist in Ortskernen sowie im Zentrum geschlossener Siedlungsbereiche geringer als an den Rändern und in Streusiedlungen.
   Gute Durchlüftung aufgrund ausreichend vorhandener Freiflächen ist z. Z. gegeben. Daher liegen

Tabelle 3:

Auswertung der Karte des Geländeklimas

Kartierungs-einheit	Temperaturklima	Windklima	Nutzungshinweis
1. Krefelder Mittelterrasse	Temperatur- und strahlungs-klimatisch relativ begünstigt; geringere Neigung zu Nebel-lagen	stark windexponiert	wohnklimatisch günstig, sehr gut durchlüftet, Windschutz erforderlich
2. Flachhänge der Mittel-terrasse	Temperatur- und strahlungs-klimatisch relativ begünstigt; geringere Neigung zu Nebel-lagen; flächiger Kaltluftabfluß	nur bei Westwinden durch Hanglage etwas geschützt, sonst wind-exponiert	wohnklimatisch günstig
3. Flache Tal-einschnitte der Mittelterrasse	im höher gelegenen Abschnitt günstiges Temperatur- und Strahlungsklima; im unteren Abschnitt Kaltluftabfluß	relativ windgeschützt	geschlossene Querbebauung verschlechtert die gelände-klimatische Situation durch Kaltluftstau an Baukörpern. Querbebauung und Bepflanzung quer zum Taleinschnitt ver-meiden
4. Flache Terrassen-platten	Temperatur- und Strahlungs-klima noch relativ günstig; größere Nebelhäufigkeit als auf Mittelterrasse, jedoch gerin-gere als in Rinnen	außerhalb von schutz-wirksamen Grünzügen windexponiert	wohnklimatisch relativ günstig, gut durchlüftet. Ausnahme: am Rande von Rinnenlagen
5. Altstrom-rinnen und Rheinaue	Temperatur- und Strahlungs-klima relativ ungünstig infolge Kaltluftansammlung und Luft-stau; häufige Nebellagen; hohe Luftfeuchtigkeit	geringe Windexpo-sition, z. T. Schwüle-bildung	wohnklimatisch ungünstig

die Monatsmittelwerte der Abkühlungsgröße deut-lich unter denen von Düsseldorf (vgl. Klimagut-achten 1971, S. 3). Zustrom von Siedlungswärme aus dem Ballungsraum Düsseldorf und Neuss zeigt offenbar noch keine planerisch relevanten Werte.

6.6. Erläuterung der Karte des Geländeklimas

Die Karte erfaßt relative Klimaunterschiede, die im wesentlichen durch das Relief bedingt sind. Hierbei werden die klimatischen Unterschiede zwischen Stromrinnenlagen und Terrassenplatten sowie die Fließrichtung der Kaltluft, die für die Stadtplanung berücksichtigt werden sollte, besonders herausgear-beitet. Darüber hinaus gibt sie Hinweise auf durch bauliche Entwicklungen oder durch Bepflanzung be-dingte negative geländeklimatische Beeinflussungen (Kaltluftstau, Entstehung von Frostlöchern, Schwüle-bildung bei warmen, windarmen Wetterlagen im Som-mer).

Kurze Pfeilsymbole markieren die Fließrichtung der Kaltluft. Lange Pfeilsymbole weisen auf mögliche Ausweichwege von gestauten Luftmassen hin; diese Flächen müssen in der Planung als Durchlüftungs-schneisen von Bebauung oder dichter Bepflanzung freigehalten werden.

7. Böden

Als Grundlagen wurden die Bodenkarten des inge-nieurgeologischen Gutachtens (KALTERHERBERG 1972), die Bodenkarte Blatt Krefeld i. M. 1 : 50 000 sowie die als Manuskript vorliegenden Bodenkarten der Blätter Krefeld, Düsseldorf-Kaiserswerth, Wil-lich und Düsseldorf des Geologischen Landesamtes Nordrhein-Westfalen in Krefeld (Bearbeiter: H. MER-TENS und W. PAAS) benutzt. Diese Unterlagen wur-den ergänzt durch die Bodenkarte 1 : 500 000 des Deutschen Planungsatlas Bd. 1 Nordrhein-Westfalen (MAAS, H. und MÜCKENHAUSEN, E.).

Dieses Kartenmaterial sowie die zugehörigen aus-führlichen Legenden und Erläuterungstexte werden in der nachfolgenden Tabelle bezüglich ihrer Aussa-gen über die ökologischen Standortfaktoren ausge-wertet. Bezüglich der Verbreitung der einzelnen Bo-dentypen muß auf die o. a. Kartenwerke verwiesen werden. Neben Angaben über bodenchemische und bodenphysikalische Eigenschaften der einzelnen Bo-denarten werden Angaben über planerisch relevante Eigenschaften wie Ertragsleistung, Bearbeitbarkeit, Nutzungsmöglichkeit, Erosionsanfälligkeit gemacht. Die Interpretation der Baugrundkarten ist im Gutach-ten von KALTERHERBERG (1972) enthalten.

Tabelle 4: Übersicht über die Böden des Stadtgebietes „Stadt Meerbusch"

a) Bodentyp b) Bodenart	a) Geologie b) Vorkommen	Belüftung	Wasserhaushalt a) Durchlässigkeit b) Grundwasser c) Nutzbare Wasserkapazität	Sorptions-fähigkeit für Pflanzennähr-stoffe
a) **Parabraunerde** z. T. Gley-Parabraunerde b) schluffiger Lehm	a) aus Löß b) großflächig auf Mittelterrasse	gut, ausgeglichen, außer in staunassen Bereichen (Rinnen und Mulden)	a) ausreichend b) kein Grundwassereinfluß c) hoch	groß
a) **Parabraunerde** b) sandiger Lehm	a) aus Hochflutlehm b) großflächig auf Niederterrasse	gut	a) gut b) Grundwasser meist tiefer als 2 m c) hoch	groß
a) **Braunerde** b) stark sandiger Lehm	a) aus Hochflutlehm b) kleinflächig auf Terrassenplatten der Niederterrasse	gut	a) gut b) Grundwasser i. a. tiefer als 2 m c) ausreichend	mittel
a) **Braunerde** z. T. podsolig b) Sand, z. T. schwach lehmig	a) aus Hochflutsand b) auf flachen Terrassenplatten der Niederterrasse	sehr gut	a) ungehindert b) Grundwasser i. a. tiefer als 2 m, stellenweise höher c) gering	gering bis sehr gering
a) **Brauner Auenboden** b) schluffiger Lehm	a) aus Auenlehm (Rhein) b) in der Rheinaue bei Büderich und in der Spey	gut	a) gut b) stark schwankend c) sehr hoch	sehr groß
a) **Brauner Auenboden** b) lehmiger Sand	a) aus Auensand (Rhein) b) in der Rheinaue bei Büderich und in der Spey	gut	a) ungehindert b) stark schwankend c) gering bis mittel	mittel
a) **Gley** b) Lehm, stark tonig-bindige Böden oder sandige Lehme	a) auf Flußablagerungen b) in Rinnenlage groß- und kleinflächig auf Niederterrasse und in der Aue	schwach	a) gering — mittel (Sand) b) Grundwasser 0,5 — 1,2 m unter Flur c) mittel bis groß	groß bis mittel (Sand)
a) **Niedermoor,** z. T. Moorgley b) Niedermoortorf z. T. unter Lehm	a) aus Niedermoortorf z. T. unter geringmächtigen Flußablagerungen b) in Rinnen	schwach	a) meist ausreichend b) Grundwasserflurabstand 0,0 — 0,2 m, vielfach abgesenkt c) hoch	mittel

— Aufgliederung in ökologische Standortfaktoren —

a) Ertragsleistung b) Bodenwertzahl	a) Bearbeitbarkeit b) Erosionsgefährdung	Nutzungseignung (landwirtschaftlich, forstlich, baulich, Erholung)
a) gut – sehr gut b) 60 – 75	a) gut bis sehr gut b) in ebener Lage gering, in hängigen Lagen stark erosionsgefährdet	Hochwertige Ackerböden, zum Anbau anspruchsvoller Kulturen geeignet. Auch zur baulichen Nutzung hervorragend geeignet, hoch belastbare Böden; gutes Bodenfilter. Erholungseignung grundsätzlich gut, jedoch schlechter Landschaftszustand.
a) gut – sehr gut b) 60 – 75	a) relativ gut, z. T. etwas empfindlich gegen Bodendruck b) keine	Wertvolle Ackerböden, Eignung für alle Kulturpflanzen. Guter Baugrund (vereinzelt durch Grundwasserstand begrenzt). Gute Erholungsstandorte.
a) mittel – gut b) 45 – 60	a) gut, leichte Böden b) keine	Mittlere Ackerböden, Eignung für Roggen, Gerste, z. T. Gemüse (Düngung), forstliche Nutzung. Zur baulichen Nutzung sowie als Erholungsstandort gut geeignet.
a) gering – mittel b) 30 – 45	a) sehr gut (leichte Böden) b) in ebener Lage keine	Von Natur aus geringwertig, doch durch Düngung lohnend. Dürreempfindlich. Forstliche Nutzung empfehlenswert, jedoch kein Nadelholzanbau (Bodendegradierung). Als Baugrund geeignet (z. T. jedoch hoher Grundwasserstand). Als Erholungsstandort bedingt geeignet; ungünstig für Rasenanlagen, geringe Belastbarkeit.
a) sehr gut, im Vorland überflutungsgefährdet b) 65 – 75	a) gut b) im Überflutungsbereich bei ackerbaulicher Nutzung groß	Hochwertige Ackerböden, jedoch im Deichvorland überflutungsgefährdet, hierdurch Bodenerosion. Ausgezeichnete Grünlandstandorte. Im Überflutungsbereich nicht zur Bebauung geeignet, sonst vom Grundwasser abhängig. Zur Erholung gut geeignet.
a) mittel b) 35 – 50	a) gut b) im Überflutungsbereich bei ackerbaulicher Nutzung groß	Mittlere Ackerböden, im Deichvorland Ernteerträge gefährdet, daher Grünlandnutzung empfehlenswert. Im Überflutungsbereich nicht zur Bebauung geeignet, sonst abhängig vom Grundwasserstand. Zur Erholung gut geeignet.
a) mittel b) 50 – 65	a) schwer, nach Grundwasserabsenkung besser b) keine	Überwiegend Grünlandböden, nur in Absenkungsgebieten Ackerbau möglich. Kein guter Baugrund (Grundwasser). Als Erholungsstandort geeignet.
a) gering – mittel b) 35 – 50	a) schwierig b) keine	Nach Absenkung Grünlandnutzung, meist forstliche Nutzung (Pappel). Keine Eignung als Baugrund. Als Erholungsstandort nur bedingt geeignet (Wege auf Dämme oder Knüppeldämme).

8. Potentielle natürliche Vegetation

Der Begriff der „potentiellen natürlichen Vegetation" (TÜXEN, 1956) geht von der Vorstellung aus, daß man jedem Standort eine bestimmte Vegetationseinheit zuordnen kann, die sich nach Aufhören der menschlichen Einflußnahme spontan einstellen würde (überwiegend Waldgesellschaften).

Die im Gebiet vorkommenden Vegetationseinheiten (reale Vegetation), selbst die naturnah erscheinenden Wälder, sind durch die menschliche Nutzung verändert. Jedoch läßt sich aus dem Arteninventar dieser Ersatzgesellschaften auf die potentielle natürliche Vegetation schließen.

Die Karte der potentiellen natürlichen Vegetation soll das unter derzeitigen Standortverhältnissen mög-

Tabelle 5:

Potentielle natürliche Vegetation

Kartierungseinheit	Potentielle natürliche Vegetation			Ersatzgesellschaften auf Forstflächen
	Baumschicht	Strauchschicht in naturnahen Beständen	Krautschicht (Auswahl)	
1. Frischer bis Feuchter Buchen-Eichen-Wald	Stieleiche (Quercus robur) Buche (Fagus silvatica)	Faulbaum (Frangula alnus) Eberesche (Sorbus aucuparia) Stechpalme (Ilex aquifolia) Strauchschicht in der pot. nat. Vegetation nur spärlich entwickelt.	Nasse Ausbildung: Pfeifengras (Molinia coerulea) Honiggras (Holcus mollis) Frische Ausbildung: Adlerfarn (Pteridium aquilinum) Waldgeißblatt (Lonicera periclymenum) Anspruchsvolle Arten fehlen ganz.	Forsten: Waldkiefer (Pinus silvestris) Schwarzkiefer (Pinus nigra) Mischwälder aus Buche (Fagus silvatica) und Lärche (Larix decidua) Gebüsche: Sand- und Moorbirke (Betula pendula und B. pubescens) Ohrweide und Salweide (Salix aurita u. S. caprea) Grauweide (S. cinerea)
	Forts. Forsten:	Zitterpappel (Populus tremula), Brombeere und Himbeere (Rubus fruticosus und R. idaeus), Besenginster (Sarothamnus scoparius)		
2. Trockener Buchen-Eichen-wald	Buche (Fagus silvatica) Stieleiche (Quercus robur) Traubeneiche (Quercus petraea) — (real geringer Anteil) —	Eberesche (Sorbus aucuparia) Zitterpappel (Populus tremula) Faulbaum (Frangula alnus) Geißblatt (Lonicera periclymenum) Strauchschicht in naturnahen Wäldern nur spärlich entwickelt.	Adlerfarn (Pteridium aquilinum) Schattenblume (Maianthemum bifolium) Drahtschmiele (Deschampsia flexuosa) Salbei-Gamander (Teucrium scorodonia) Maiglöckchen (Convallaria majalis) Geißblatt (Lonicera periclymenum)	Forsten: Roteiche (Quercus rubra) Buche (Fagus silvatica) Stieleiche (Querus robur) Lärche (Larix decidua) Kiefer (Pinus silvestris) Pioniergehölze: Stiel- und Traubeneiche (Quercus robur, Qu. petraea) Faulbaum (Frangula alnus) Eberesche (Sorbus aucuparia) Sandbirke (Betula pendula) Zitterpappel (Populus tremula)
3. Erlen-Bruchwald	Erle (Alnus glutinosa) Moorbirke (Betula pubescens)	Grauweide (Salix cinerea) Roterle (Alnus glutinosa)	Sumpfsegge (Carex acutiformis) Zierliche Segge (Carex gracilis) Schwertlilie (Iris pseudacorus) Sumpfdotterblume (Caltha palustris) Großes Springkraut (Impatiens noli tangere)	Pappelforsten umgewandelt (Entwässerung) Schwarze Johannisbeere (Ribes nigrum) Faulbaum (Frangula alnus)

liche Inventar an natürlichen Pflanzengesellschaften kennzeichnen. Hierdurch wird eine weitgehende ökologische Charakterisierung der einzelnen Raumeinheiten möglich, die Rückschlüsse auf die Leistungsfähigkeit eines Standorts zuläßt.

Die einzelnen Kartierungseinheiten *) der potentiellen natürlichen Vegetation sind im folgenden in Tabellenform dargestellt. Die Tabelle umfaßt neben einer bestimmten Auswahl aus dem natürlichen Arteninventar auch Hinweise auf Ersatzgesellschaften und Empfehlungen für die Gehölzauswahl bei Landschaftspflegemaßnahmen.

---

*) Für die Durchsicht der Karte der natürlichen Vegetation wird Herrn Prof. Dr. W. Trautmann an dieser Stelle herzlich gedankt.

Ersatzgesellschaften auf Acker- und Grünlandflächen	Vorkommen Ökologische Angaben	Nutzungseignung	Für Landschaftspflegemaßnahmen geeignete Gehölze (vgl. TRAUTMANN 1966)
Unkrautgesellschaften: Kennartenarme Windhalmgesellschaften Grünland: Fettweide ohne Wiesenfuchsschwanz (Alopecurus pratensis) z. T. mit Binsen (Juncus-Arten)	Am Rande von Rinnen, auf flachen Platten mit hohem Grundwasserstand und nährstoffarmen Sandböden (Gley). Oft mit trockenem Buchen-Eichenwald eng verzahnt. Die nasse Ausbildung tritt nur sehr kleinflächig auf; frische Form vorherrschend. Anspruchslose Waldgesellschaft.	Forstwirtschaft: Bodenständige Gehölze wie Traubeneiche (Quercus petraea), Stieleiche (Quercus robur), Buche (Fagus silvatica), Nadelhölzer nur Waldkiefer (Pinus silvestris) Landwirtschaft: Nach Absenkung des Grundwassers Gerste, Roggen, Hafer, Futterrüben. Auch als Grünland nutzbar (Mähwiesen und Weiden)	Stieleiche, Buche, Sandbirke, Moorbirke, Zitterpappel, Faulbaum, Ohrweide, Salweide, Weißdorn, Schlehe
Unkrautgesellschaften: Windhalmgesellschaften mit Sand- und/oder Säurezeiger Ackerspörgel (Spergula arvensis), Einjähriges Knäuelkraut (Scleranthus annuus) Gewöhnlicher Reiherschnabel (Erodium cicutarium) Auch Ackerfrauenmantelgesellschaften.	Am Rande der Krefelder Mittelterrasse, auf flachen Sandplatten sowie ehemaligen Dünen. Grundwassereinfluß fehlt.	Forstwirtschaft: Bodenständige Holzarten, sowie Nadelhölzer Lärche (Larix decidua), Waldkiefer (Pinus silvestris). Landwirtschaft: Roggen, Hafer, Gerste, Kartoffel, Futterrüben. Dürreempfindlich, daher nicht als Grünland geeignet.	Buche, Stieleiche, Traubeneiche, Sandbirke, Winterlinde, Eberesche, Zitterpappel, Faulbaum, Salweide, Weißdorn, Schlehe
Wasserschwadenröhricht, Großseggenrieder, z. T. Teichröhrichtgesellschaften (Schilf etc.) Hochstaudenwiesen mit Mädesüß (Filipendula ulmaria) Baldrian (Valeriana officinalis) Große Brennessel (Urtica dioica)	Ilvericher Rheinschlinge. Kleinflächig am Rande der Niederterrasse im Mühlenbachtal. Auf Bruchmoortorf, der stellenweise mit Flußsediment überdeckt wurde. Grundwasser 0-0,4 cm u. Fl. Häufig Übergang zum Traubenkirschen-Erlen-Eschen-Wald	Forstwirtschaft: Roterle (Alnus glutinosa), Hybridpappel. Landwirtschaft: Mähwiesen, kein Ackerland.	Erle, Grauweide, Moorbirke, Ohrweide, Faulbaum

Kartierungseinheit	Potentielle natürliche Vegetation			Ersatzgesellschaften auf Forstflächen
	Baumschicht	Strauchschicht in naturnahen Beständen	Krautschicht (Auswahl)	
4. Traubenkirschen-Erlen-Eschenwald	Traubenkirsche (Prunus padus) Schwarzerle (Alnus glutinosa) Esche (Fraxinus excelsior)	Traubenkirsche (Prunus padus), Schneeball (Viburnum opulus), Rote Johannisbeere (Ribes rubrum), Hasel (Corylus avellana) Schwarze Johannisbeere (Ribes nigrum)	Großes Springkraut (Impatiens noli tangere) Kleinblütiges Springkraut (Impatiens parviflora) Sumpfsegge (Carex acutiformis) Gelbe Schwertlilie (Iris pseudacorus)	Forsten: Pappelforsten, Esche (Fraxinus excelsior) Gebüsche: Holunder (Sambucus nigra) Weißdorn (Crataegus spec.) Rote Johannisbeere (Ribes rubrum), Grauweide (Salix cinerea), sonst wie Strauchschicht
5. Eichen-Eschenwald	Stieleiche (Quercus robur) Esche (Fraxinus excelsior) Begleiter: Vogelkirsche (Prunus avium) Bergahorn (Acer pseudo platanus)	Erle (Alnus glutinosa) Feldahorn (Acer campestre) Schneeball (Viburnum opulus) Hartriegel (Cornus sanguinea) Traubenkirsche (Prunus padus) Hasel (Corylus avellana) Pfaffenhütchen (Evonymus europaeus)	Reiche Ausbildung: Rasenschmiele (Deschampsia caespitosa) Frauenfarn (Athyrium filis femina) Scharbockskraut (Ranunculus ficaria) Gundermann (Glechoma hederacea) Moschuskraut (Adoxa moschatelina) Arme Ausbildung: Geißblatt (Lonicera periclymenum) Sauerklee (Oxalis acetosella)	Forsten: Bergahorn (Acer pseudoplatanus) Esche (Fraxinus excelsior) Hainbuche (Carpinus betulus) Stieleiche (Querus robur) Gebüsche: Schlehe (Prunus spinosa) Holunder (Sambucus nigra) Weißdorn (Crataegus spec.) Hundsrose (Rosa canina)
6. Eichen-Ulmen-(Eschen)-Auenwald	Stieleiche (Quercus robur) Feldulme (Ulmus carpinifolia) Esche (Fraxinus excelsior)	Feldahorn (Acer campestre) Hartriegel (Viburnum opulus) Pfaffenhütchen (Evonymus europaeus) Waldrebe (Clematis vitalba) Hopfen (Humulus lupulus)	Scharbockskraut (Ranunculus ficaria), Aronstab (Arum maculatum), Lerchensporn (Corydalis solida) Wohlriechendes Veilchen (Viola odorata), Hohe Primel (Primula elatior) Moschuskraut (Adoxa moschatelina)	Forsten: Pappel, Baumweiden, Bergahorn (Acer pseudoplatanus), kaum ausgebildet. Gebüsche: wie Strauchschicht ferner: Holunder (Sambucus nigra)
7. Silberweidenwald	Silberweide (Salix alba) Bruchweide (S. fragilis) Schwarzpappel (Populus nigra)	vgl. Baumschicht Kratzbeere (Rubus caesius) Mandelweide (Salix triandra)	Große Brennessel (Urtica dioica) Rohrglanzgras (Typhoides arundinacea) Weißes Straußgras (Agrostis stolonifera) Bittersüßer Nachtschatten (Solanum dulcamara) i. a. artenarm; auf offenen Böden Zweizahnfluren, Flußufergesellschaften (Spülsaum)	Forsten: Baumweiden Pappelforsten Gebüsche: Bruchweide (Salix fragilis) Mandelweide (Salix triandra) wenig ausgeprägt

Ersatzgesellschaften auf Acker- und Grünlandflächen	Vorkommen Ökologische Angaben	Nutzungseignung	Für Landschaftspflegemaßnahmen geeignete Gehölze (vgl. TRAUTMANN 1966)
Seggenwiesen und Hochstaudenfluren, Feuchtwiesen mit Sumpfdotterblume.	In alten Rheinrinnen am Rande der Mittelterrasse (Mühlenbach), in der Ilvericher Rheinschlinge etc. Auf Bruchmoortorf, vereinzelt auch auf mineralischen Naßgleyen. Kontaktgesellschaften: Eichen-Eschenwälder, nasse bis feuchte Eichen-Hainbuchenwälder und Erlenbruchwald.	Forstwirtschaft: Geeignete bodenständige Arten: Schwarzerle (*Alnus glutinosa*) und Esche (*Fraxinus excelsior*). Nutzholzarten: Hybridpappel Landwirtschaft: Nur Grünland	Esche, Erle, Schwarzpappel, Hasel, Hartriegel, Schwarzer Holunder, Schneeball, Grauweide, Traubenkirsche
Unkrautgesellschaften: Kamillen- und Erdrauchgesellschaften mit Ackerminze (*Mentha arvensis*) Kriechender Hahnenfuß (*Ranunculus repens*) Weißklee-Weidelgras-Weiden, Glatthaferwiesen (frische Ausbildung) mit großem Wiesenknopf (*Sanguisorba officinalis*)	Altstromrinnen der Rheinaue und der Niederterrasse. Übergangsgesellschaft zum Feuchten Eichen-Hainbuchenwald (hat mit diesem viele Arten gemeinsam)	Forstwirtschaft: Bodenständige Holzarten wie Esche, Stieleiche, auch Bergahorn Landwirtschaft: Ackerbau in Absenkungsgebieten: Weizen, Gerste, Zuckerrüben u. a. anspruchsvolle Kulturen	Esche, Stieleiche, Feldulme, Hainbuche, Weißdorn, Hartriegel, Hasel, Feldahorn, Schwarzer Holunder, Schlehe, Hundsrose, Schneeball
Unkrautgesellschaften: Kamillen-Gesellsch., vielfach mit Sandzeigern oder Feuchtezeigern (je nach Bodenart) Weißklee-Weidelgras-Weiden, Glatthaferwiesen, auf trockenen, kalkhaltigen Standorten Salbeiwiesen (Mesobrometen).	Rheinaue oberhalb der mittleren Hochwasserlinie. Schluffige Lehme und Sande, Auenböden.	Forstwirtschaft: Keine großflächige Forstwirtschaft, Gehölzpflanzungen in Gruppen: Stieleiche, Esche, Feld- und Flatterulme Landwirtschaft: Grünland	Stieleiche, Esche, Feldulme, Feldahorn, Hasel, Pfaffenhütchen, Hartriegel, Hundsrose, Schwarzer Holunder, Schneeball,
Rohrglanzgrasrasen, Flutrasen mit Agrostis stolonifera, Flächen mit Knoblauchhederich, Saumgesellschaft Zaunwinden-Hopfenseiden-Schleiergesellschaft, Halbtrockenrasen mit Hauhechel (*Ornonis spinosa*), Wiesensalbei (*Salvia pratensis*). Stellenweise mit Neophyten.	Rheinaue unterhalb der mittleren Hochwasserlinie, z. T. großflächig ausgebildet und mit der Hartholzaue eng verzahnt. Real oft nicht mehr abzugrenzen	Forstwirtschaft: nicht geeignet Landwirtschaft: Grünland, als Ackerland nicht geeignet.	Silberweide, Bruchweide, Korbweide, Mandelweide, (Schwarzpappel, echte Form)

Kartierungseinheit	Potentielle natürliche Vegetation			Ersatzgesellschaften auf Forstflächen
	Baumschicht	Strauchschicht in naturnahen Beständen	Krautschicht (Auswahl)	
8. Sternmieren-Stieleichen-Hainbuchenwald	Stieleiche *(Quercus robur)* Hainbuche *(Carpinus betulus)* Esche *(Fraxinus excelsior)*, Buche *(Fagus silvatica)* Vogelkirsche *(Prunus avium)*	Weißdorn *(Crataegus spec.)*, Hartriegel *(Cornus sanguinea)*, Hasel *(Corylus avellana)*, Feldahorn *(Acer campestre,* Salweide *(Salix caprea),* Pfaffenhütchen *Evonymus europaeus).* Nur spärlich entwickelt in natürlichen Wäldern.	Arme Ausbildung: Flattergras *(Milium effusum)* Sternmiere *(Stellaria holostea)* Waldveilchen *(Viola silvestris)* Schattenblume *(Maianthemum bifolium)* Reiche Ausbildung: Aronstab *(Arum maculatum)* Scharbockskraut *(Ranunculus ficaria)* Waldziest *(Stachys silvatica)* Hexenkraut *(Circaea lutetiana)*	Forsten: Stieleiche *(Quercus robur)* Esche *(Fraxinus excelsior)* Bergahorn *(Acer pseudoplatanus)* z. T. Kulturpappeln Lärche *(Larix decidua)* Gebüsche: wie Strauchschicht
9. Flattergras-Buchenwald	Buche *(Fagus silvatica)* als Hauptholzart, Begleiter: Esche *(Fraximus excelsior)* Hainbuche *(Carpinus betulus)* Stieleiche *(Quercus robur)*	Hasel *(Corylus avellana)*, Weißdorn *(Crataegus spec.)* Hundrose *(Rosa canina)*, Schlehe *(Prunus spinosa).* In natürlichen Wäldern nur spärlich vorhanden.	Flattergras *(Milium effusum)* Waldveilchen *(Viola silvatica)* Salomonsiegel *(Polygonatum multiflorum)* Waldsegge *(Carex silvatica)* Feuchte Ausbildung: mit Rasenschmiele. *(Deschampsia caespitosa),* Frauenfarn *(Athyrium filis femina)*	Forsten: Hainbuche *(Carpinus betulus)* Stieleiche *(Quercus robur)* Roteiche *(Quercus rubra)* Bergahorn *(Acer pseudoplatanus)* Fichte *(Picea abies)* Lärche *(Larix decidua)* Gebüsche: Hasel *(Corylus avellana)* Weißdorn *(Crataegus)* Schlehe *(Prunus spinosa)* Hundsrose *(Rosa canina)* Salweide *(Salix caprea)* Zitterpappel *(Populus tremula)* Sandbirke *(Betula pendula)*
10. Perlgras-Buchenwald (z. T. mit Flattergras-Buchenwald gemischt)	Buche *(Fagus silvatica)* als Hauptholzart Begleiter: Esche *(Fraximus excelsior)*, Stieleiche *(Quercus robur)*, Hainbuche *(Carpinus betulus).*	Im natürlichen Buchenwald wegen Lichtmangel unterdrückt. Mantelgesellschaften aus: Hasel *(Corylus avellana)* Pfaffenhütchen *(Evonymus europaeus),* Hartriegel *(Cornus sanguinea),* Feldahorn *(Acer campestre)*	Einblütiges Perlgras *(Melica uniflora),* Maiglöckchen *(Convallaria majalis),* Bingelkraut *(Mercurialis perennis)* Flattergras *(Milium effusum),* Waldzwenke *(Brachypodium silvaticum)* Waldsegge *(Carex silvaticum)* Sanikel *(Sanicula europaea)*	Fehlen, da fast vollständig in Ackerland umgewandelt.

Ersatzgesellschaften auf Acker- und Grünlandflächen	Vorkommen Ökologische Angaben	Nutzungseignung	Für Landschaftspflegemaßnahmen geeignete Gehölze (vgl. TRAUTMANN 1966)
Unkrautgesellschaften: Kamillen-Erdrauchfluren mit Feuchtezeigern; auch Ehrenpreis-Erdrauchgesellschaft. Grünland: Frische Glatthaferwiesen mit Wiesenschaumkraut *(Cardamine pratensis)*	Rinnenlagen der Niederterrasse und der ehemaligen Rheinaue.	Forstwirtschaft: Bodenständige Holzarten: Stieleiche, Esche, Bergahorn, Vogelkirsche, keine Nadelhölzer. Landwirtschaft: Nur als Grünland geeignet.	Stieleiche, Hainbuche, Esche, Bergahorn, Hasel, Hartriegel, Pfaffenhütchen, Feldahorn, Schneeball, Salweide, Schlehe, Weißdorn
Unkrautgesellschaften: Ackerfrauenmantel-Kamillen-Gesellschaft, z. T. mit Fuchsschwanz oder Erdrauch Grünland fehlt.	Auf Niederterrassenplatten zwischen Büderich und Nierst, auch auf Niederterrasseninseln und auf sandigen Lehmen der Rheinaue. Im Nährstoffanspruch etwas geringer als der Perlgras-Buchenwald	Forstwirschaft: Bodenständige Holzarten: Buche, Stieleiche Nadelhölzer: Lärche Landwirtschaft: Ackerland mit Roggen, Gerste, Futterrüben, Klee	Buche, Stieleiche, Hainbuche, Sandbirke, Eberesche, Hasel, Schlehe, Hartriegel, Salweide, Weißdorn
Ackerland bestens geeignet: Weizen und Zuckerrüben Unkrautgesellschaften: Ackerfrauenmantel-Kamillen-Gesellschaft, oft als Fuchsschwanz-Kamillen-Gesellschaft ausgebildet. Gänsefuß-Gesellschaften Grünland: Weißklee-Weidelgras-Weide, Glatthaferwiese (Mähwiese), vielfach mit Wiesenfuchsschwanz. Grünlandanteil gering, meist floristisch verarmt (Düngung)	Auf lehmig-schluffigen Böden mit hoher Sorptionsfähigkeit für Nährstoffe. Auf der Niederterrasse sowie im überflutungsfreien Teil der Aue bei hinreichend großem Grundwasserflurabstand; ferner auf Parabraunerden aus Löß (Mittelterrasse). Anspruchsvolle Laubwaldgesellschaften. Kontaktgesellschaften: Flattergras-Buchenwald, Artenreicher Hainsimsen-Buchenwald, Maiglöckchenreicher Eichen-Hainbuchenwald	Forstwirtschaft: Vorrangig landwirtschaftliche Nutzung. Landwirtschaft: Weizen, Zuckerrüben	Hainbuche, Buche, Stieleiche, Esche, Bergahorn, Hasel, Weißdorn, Hundsrose, Salweide, Feldahorn, Schlehe, Hartriegel

II Ökologische Raumeinheiten - Landschaftsdiagnose - Planungskonsequenzen

1. Ausgliederung und Diagnose der ökologischen Raumeinheiten

Der folgende Text bezieht sich auf die Karte der ökologischen Raumeinheiten und gibt sogleich Hinweise auf die Karte der Landschaftsdiagnose (siehe die jeweiligen Planungskonsequenzen bei den ökologischen Raumeinheiten).

Aufgrund der Analyse der Landschaftsfaktoren lassen sich im wesentlichen folgende Raumeinheiten gleicher landschaftsökologischer Struktur (Ökotopenkomplexe) ausgliedern:

1.1. Weichholzaue
1.2. Hartholzaue

— Ökologische Raumeinheiten im Überflutungsbereich des Rheins —

Ursprünglicher Zustand

Vor der Eindeichung des Rheinstroms gehörte der gesamte linksrheinische Bereich vom heutigen Rheinstrom bis zum Ostrand der Niederterrasse zum Hochflutbett des Rheins, das vor allem bei winterlichen, aber auch bei sommerlichen Hochwasserständen teilweise überflutet wurde. Innerhalb dieses wilden Strombettes pendelte der Rhein unter häufiger Verlegung seiner Stromrinnen. Zwischen den Altstromrinnen der Aue blieben höhergelegene Niederterrasseninseln erhalten, so z. B. im Lank-Latumer Raum. Die Verteilung der Wassermassen auf die zahlreichen Stromrinnen und die langsame Durchflutung der tiefgelegenen Bruchgebiete führte zu einer erheblichen Abflußverzögerung, die zu ständiger Grundwasserneubildung beitrug. Darüber hinaus resultierten aus der langsamen Rückgabe des Wassers an den Rhein ausgeglichene Wasserstandsverhältnisse des Hauptstromes (Retensionsgebiet).

Durch Rinnenverlegungen, Auf- und Abbau von Terrasseninseln, war der Auenbereich ursprünglich von einer starken landschaftlichen Dynamik geprägt. Infolge der hydrologischen Verhältnisse und der geschlossenen Vegetationsbedeckung herrschten ausgeglichene geländeklimatische Verhältnisse vor.

Der biotische Bereich war charakterisiert durch die typische Vegetation (vgl. Kapitel 8) und Fauna der Stromaue, die infolge des reichen Nährstoffangebotes eine hohe biologische Produktivität aufwies.

Heutiger Zustand

Die Deichbauten veränderten die hydrologischen und damit auch die landschaftsökologischen Verhältnisse der Rheinaue grundlegend.

Ihre wichtigsten Auswirkungen sollen kurz aufgezählt werden:

- Absinken des Grundwasserspiegels
- Verminderung der Grundwassererneuerung
- Nachlassen der Überflutungen
- Rodung, bzw. Trockenlegung der Wälder in den alten Stromrinnen und Umwandlung dieser Flächen in landwirtschaftliche Nutzfläche oder Siedlungsfläche
- Einsetzen verstärkter Tiefenerosion des Rheins
- Unterbindung der fluviatilen Erosions- und Sedimentationsvorgänge

Heutige ökologische Funktion der Überflutungsaue

- Grundwassererneuerung durch Übertritt von Wasser aus dem Rheinbett bzw. Versickerung von Niederschlagswasser bzw. Hochwasser bei Überflutung.
- Grundwasserspeicherung in den Lockergesteinsmassen aus Sand und Kies (Funktion eines Grundwasserreservoirs).
- Temperaturausgleich zwischen den klimatisch extremeren Agrar- und Siedlungsflächen und der temperaturklimatisch ausgeglicheneren Rheinaue.

Die voraussichtliche Aufheizung des Rheins durch die Kühlwasser der geplanten Kraftwerke wird die Nebelbildung verschärfen. Die durch die Temperaturerhöhung des Rheinwassers bedingten klimatischen Veränderungen entlang des Rheins werden erhebliche ökologische Probleme aufwerfen.

- Die Rheinaue wird überwiegend als Grünland genutzt. Da jedoch die meist nährstoffreichen, leicht zu bearbeitenden Böden gute Ertragsleistungen zeigen, wird das Deichvorland häufig auch ackerbaulich genutzt. Gelegentliche Ernteausfälle durch Überflutung werden in Kauf genommen.
- Reste einer Weichholzaue sind im Rheinuferbereich zwischen Büderich-Niederlörick, bei Ilverich sowie im Gebiet der Spey erhalten. Diese Vegetation setzt sich überwiegend aus Baumweiden zusammen.

Sie ist an regelmäßige Überflutungen angepaßt. Dort, wo die Weichholzaue vernichtet wurde, sowie an den baumfreien Ufersäumen, breitet sich eine vielfältige Ufervegetation aus.

Die Standorte des Hartauenwaldes werden nur gelegentlich bei Höchstwasserständen überflutet. Die potentielle natürliche Vegetation des Hartauenwaldes, der Eichen-Ulmen(Eschen)-Auenwald, ist weitgehend verschwunden. An seine Stelle sind Dauergrünland, Ackerland und kleinere Gehölze aus

Abb. 4: Auenlandschaft »In der Spei«. Die fein modellierten Hochflutrinnen sind durch die Erosion des Rheines entstanden.

Esche, Kanadapappel, Schwarzpappel, Silber- und Korbweide etc. getreten. Kleine Restbestände sind noch auf der Spey sowie am Rande der Ilvericher Rheinschlinge erhalten.

Als vegetationskundliche Besonderheit soll auf die wärmeliebenden Trockenrasengesellschaften hingewiesen werden (KNÖRZER, 1957 und 1963), die auf kalkreichen, trockenen Wiesen und an Böschungen der Rheinaue ihren Standort haben.

- Großflächiger Erholungsraum zwischen den Ballungsräumen Krefeld, Düsseldorf und Neuss.
- Wichtige Schutzgebiete für die Erhaltung und Regeneration von Flußauenbiotopen. Die gesamte Raumeinheit ist als Rheinuferschutzgebiet gesichert (Verordnung des Regierungspräsidenten Köln vom 1. 8. 72).

Heutige Nutzung
Grünland
Ackerland
Erholung (extensiv)

Planungskonsequenzen aus landschaftsökologischer Sicht

- Verbesserung des ökologischen Potentials durch Schaffung von Auenwaldbiotopen (Biotop-Regenerationsgebiete vgl. fortlaufende Numerierung in der Karte der Landschaftsdiagnose):

1 Weichholzaue nördlich Nierst
2 Weichholzaue südöstlich Nierst
3 Kolk und Auengehölz südöstlich der Kläranlage Düsseldorf Nord
4 Weichholzaue nördlich Büderich
5 Hartholzaue Englischer Garten und anschließende Rinne nordöstlich Werthof
6 Erhaltung der Halbtrockenrasen im Uferbereich der Kläranlage.

- Landwirtschaftliche Nutzung als locker mit Auengehölzen durchgrüntes Weideland. Ackerbauliche Nutzung sollte wegen der Gefahr der Bodenabspülung bei Überflutungen stark eingeschränkt werden.
- Schaffung eines naturnahen Erholungsraumes (extensive Erholungsnutzung vgl. RADERMACHER, 1972). Verbesserung des Wegenetzes, randliche Parkplätze, jedoch keine Zufahrt bis zum Rhein.
- Beschränkung des Campingwesens in der Rheinaue, um den Zugang zum Ufer für die Allgemeinheit zu erhalten.
- Die geplante Austiefung des Deichvorlandes zwischen Stromkilometer 754—760 (vgl. Wasser- und

Schiffahrtsamt Duisburg-Rhein 20. 6. 72) wäre ein einschneidender Eingriff in das landschaftsökologische Gefüge der Rheinaue, dessen Auswirkungen auf den Naturhaushalt negativ zu beurteilen sind.

1.3. Altstromrinnen in der überflutungsfreien Rheinaue

U r s p r ü n g l i c h e r   Z u s t a n d

Vor der Eindeichung waren die in das übrige Gelände eingetieften Altstromrinnen in Rheinnähe teilweise überflutungsgefährdet.

Die tiefliegenden Sohlen der Rinnen waren infolge des sehr hohen Grundwasserstandes Bruchwaldstandorte, die in Rheinnähe auch auenwaldähnlichen Charakter zeigten. Sie trugen zur Speicherung und Anreicherung des Grundwassers bei.

H e u t i g e r   Z u s t a n d

Entwaldung, Grundwasserabsenkung, Bodennutzung und Besiedlung veränderten die ökologischen Bedingungen erheblich. Infolge ihrer teilweise erhaltenen Bewaldung stellen die Altrheinrinnen wesentliche gliedernde Elemente der Rheinaue dar. Geländeklimatisch sind sie durch hohe Luftfeuchtigkeit ausgezeichnet.

H e u t i g e   ö k o l o g i s c h e   F u n k t i o n

- Verstärkter mikroklimatischer Unterschied zwischen den tiefliegenden Rinnen und den höher liegenden Terrasseninseln: Abfluß und Ansammlung der Kaltluft.
- Speicherung und Anreicherung des Grundwassers besonders in bewaldeten Bereichen.

H e u t i g e   N u t z u n g

— In Gebieten mit abgesenktem Grundwasser Akkerbau,
— sonst Dauergrünland und
— forstliche Nutzung, vielfach als Pappelanbaugebiete.

P l a n u n g s k o n s e q u e n z e n
a u s   l a n d s c h a f t s ö k o l o g i s c h e r   S i c h t

- Als Reste naturnaher Landschaft bieten sich die Altstromrinnen als ausgleichendes ökologisches Element an gegenüber den Belastungen, die durch neue Siedlungsballungen im Gebiet zu erwarten sind.
- Nach naturnaher, landschaftlicher Gestaltung der Rinnen können hier gliedernde Grünzüge von hohem Wert für die Erholung sowie für den ökologischen Umweltschutz (Biotopschaffung, Biotoperhaltung) geschaffen werden.
- Gegen eine Bebauung der Rinnen sprechen
  a) Geländeklimatische Ungunst (Nebel- und Kaltluftansammlung, Frostgefährdung; im Sommer: Schwülebildung)
  b) hohe Grundwasserstände.
- Für den Straßenbau sind die Rinnen problematisch wegen ihrer Nebel- und Frostgefährdung (Glättebildung). Dammschüttungen führen zu Nebel- und Kaltluftstau, daher sind Aufständerungen oder Brückenbauwerke zu empfehlen.
- Bebauung ist ebenfalls an den Rändern — als Terrassenrandsiedlungen — möglich. Diese allgemein aus der Landschaftsstruktur erwachsene Siedlungsform (vgl. Ilverich, Nierst) ist im Gebiet weit verbreitet. Querbebauung der Rinnen ist aus geländeklimatischen Gründen zu vermeiden.
- Die naturnahen Waldbestände sollten erhalten bleiben. Besonders die Bruchwälder sind schutzbedürftig. In der Rheinrinne westlich von Lank-Latum (vgl. Karte der Landschaftsdiagnose, Biotop-Regenerationsgebiet 7) sollte der Traubenkirschen-Erlen-Eschenwald als ökologisch wertvoller Biotop regeneriert werden.

1.4. Niederterrasseninseln in der Rheinaue

U r s p r ü n g l i c h e r   Z u s t a n d

Die in der Rheinaue eingebetteten, von Altstromrinnen umflossenen Niederterrasseninseln wurden auf ihren höher gelegenen Flächen vom Hochwasser nicht mehr berührt. Bei Stromverlegungen konnten sie jedoch durch Erosion angeschnitten und an anderen Stellen durch Anlandung neu aufgebaut werden. Sie zeichneten sich infolge ihrer höheren Lage durch größere Grundwasserflurabstände und damit trocknere Standortbedingungen aus. Je nach Bodenart trugen sie Flattergras-Buchenwälder oder Buchen-Eichenwälder.

H e u t i g e r   Z u s t a n d

Die Niederterrasseninseln sind heute fast völlig entwaldet und ausgeräumt. Sie werden als Ackerland und Siedlungsstandorte genutzt.

H e u t i g e   ö k o l o g i s c h e   F u n k t i o n

Die ökologische Funktion der Niederterrasseninseln ist wegen Fehlens naturnaher Lebensräume und mangelnder Durchgrünung herabgesetzt. Sie haben jedoch durch ihren offenen Landschaftscharakter bei steigender Besiedlung erhebliche Bedeutung für die Durchlüftung der Niederterrasse. Auch für die Grundwassererneuerung aus der Sickerspende sind sie wegen der Durchlässigkeit der meist leichten, lehmigen Sandböden von Bedeutung.

P l a n u n g s k o n s e q u e n z e n
a u s   l a n d s c h a f t s ö k o l o g i s c h e r   S i c h t

- Die Niederterrasseninseln sind als Siedlungsraum sowie für landwirtschaftliche Nutzung geeignet.
- Wesentlich für die Erhaltung eines günstigen Stadtklimas ist die Durchlüftung dieses Raumes, die durch entsprechende Straßenführung und Stellung der Baukörper sowie eine lockere Durchgrünung erreicht werden kann.

Abb. 5: Bruchwald in der Altrheinschlinge bei Ilverich.

- Für die geplante Erweiterung des Wasserwerkes Lank sowie die Neuplanung des Wasserwerkes südlich von Nierst müssen Schutzzonen gesichert werden (Unterlagen: Wasserwirtschaftsamt Düsseldorf).
- Schutzwürdige Objekte in diesem Bereich sollten als Naturdenkmale ausgewiesen werden (vgl. Karte der Landschaftsdiagnose Nr. 8, 9 und 10):

    8 Alter Kiesbaggerteich südlich der Ilvericher Rheinschlinge mit gut entwickeltem, artenreichen Baumbestand (Feldgehölz)
    9 Ulmengehölz am Siegershof
    10 Ulmen -und Buchenbestand am Werthof.

- Abgrabungsflächen müssen rekultiviert und als Zonen aktiver (intensiver) Erholung genutzt werden. Die Kiesgruben müssen großflächig angelegt und die Rekultivierung vorher sichergestellt werden.

1.3./4. Ilvericher Rheinschlinge

Die Ilvericher Rheinschlinge stimmt in vielen ökologischen Faktoren mit den übrigen Alluvialrinnen überein, nimmt jedoch wegen ihrer unmittelbaren Verbindung zum Rhein und wegen ihres geschlossenen geomorphologischen Erscheinungsbildes als vollständig erhaltene Stromschlinge eine Sonderstellung ein. Sie hat Anteil an den ökologischen Raumeinheiten 3 und 4 (vgl. Karte der ökologischen Raumeinheiten).

Ursprünglicher Zustand

Die Ilvericher Rheinschlinge stellt eine noch verhältnismäßig junge Stromrinne des Rheins dar, die die sogenannte Issel, eine aus sandigem Hochflutlehm aufgebaute, ehemals flache Insel umfloß. Die sehr deutlich ausgeprägte Morphologie einer 200—500 m breiten Stromschlinge mit den gut erhaltenen Uferkonkaven stellt eine geomorphologische Besonderheit in der vom Rheinstrom und seinen jungen Strombildungen geprägten niederrheinischen Landschaft dar.

Sie war vor der Eindeichung ein typisches Altwasser des Rheins, das bei jedem Hochwasser teilweise überflutet wurde. Die z. T. recht mächtigen Bruchmoortorfauflagen zeugen von einem langen Verlandungsprozeß, der nach dem Rückzug des Rheins aus diesem Flußbett einsetzte.

Die ursprünglich undurchdringlichen Erlenbruchwälder und Moore sowie die Auenwälder mit ihrer hohen biologischen Produktivität waren ideale Biotope für eine artenreiche Tierwelt, vor allem für Wasservögel. Hydrologisch zeichnet sich das Gebiet durch oberflächennahen, mit dem Rheinpegel schwankenden

Abb. 6: Zeitweise hoch überstautes Erlenbruch mit Seggenbeständen und ausgedehnten Horsten von Gelber Schwertlilie (Iris pseudacorus).

Grundwasserstand aus. Die Rheinschlinge wurde im Norden und Süden durch Bachläufe entwässert.

Die flache Terrasseninsel (Issel), die von der Schlinge umflossen wird, blieb bei Hochwasser frei, war jedoch wegen des oberflächennahen Grundwasserstandes von auenwaldähnlichen feuchten Wäldern bedeckt.

Heutiger Zustand

Die natürlichen Verlandungsprozesse wurden infolge der Abriegelung durch den Rheindeich beschleunigt. Die Grundwasserströme sind von W nach E gerichtet. Die Grundwassergleichen sind im Bereich der Ilvericher Rheinschlinge nach W ausgebuchtet und dicht zusammengedrängt, so daß hier ein steileres Gefälle des Grundwasserstromes zustande kommt. Dies führt vermutlich zu einem verstärkten Zustrome von Grundwasser in diesem Bereich.

Die heutige Entwässerung erfolgt im Süden durch den Mühlenbach und im Norden durch einen Graben (Kringsgraben). Beiden Wasserläufen werden zahlreiche Entwässerungsgräben zugeleitet.

Die hohen Grundwasserstände und die charakteristischen Bodenbildungen bedingen die für Altstromauen des Rheins typischen Vegetations- und Landnutzungsverhältnisse. Die noch recht großen, naturnahen Bruch- und Auenwaldreste, die ausgedehnten Grünlandflächen im Wechsel mit Ackerland und Gehölzen sowie die noch relativ ungestörte Entwicklung in diesem Raum rechtfertigen die Eingliederung der Ilvericher Rheinschlinge in das Rheinuferschutzgebiet. Diese ökologisch wertvolle Landschaft ist auch für die ruhige (extensive) Erholung gut geeignet.

Die ausgezeichnet erhaltenen Erlen-Bruchwaldreste sowie die Traubenkirschen-Erlen-Eschenwälder im westlichen Teil (vgl. Besonderheiten der Vegetation in Kapitel 8) eignen sich in besonderem Maße als Naturschutzgebiet.

Die Standorte des Erlen-Bruchwaldes sind auf die Flächen mit dem höchsten Grundwasserstand beschränkt, der kleinflächig auch von Großseggen-Riedern, Bach- und Teichröhrichten (an Gräben und Bachläufen) abgelöst wird. Häufig sind Naßwiesen ausgebildet.

Etwas tiefer steht das Grundwasser unter den Traubenkirschen-Erlen-Eschenwäldern, die auch noch real gut entwickelt sind. Vielfach sind diese Flächen jedoch mit Pappelkulturen bestockt, unter denen sich noch Reste der natürlichen Vegetation erhalten konnten. Häufig begünstigen aber die Pappelkulturen die Ausbreitung ausgedehnter Brennesselfluren, die die charakteristische Vegetation bis auf wenige, genügsame Arten völlig verdrängen und stellenweise sogar forstliche Bestandsneugründungen erschweren.

An den höher gelegenen Rändern der Stromrinnen sind Hartauenwaldreste sowie Sternmieren-Stieleichen-Hainbuchenwald erhalten.

Der überwiegende Teil der Rheinschlinge ist als Dauergrünland genutzt. Die auch hier stark fortgeschrittene Ausräumung trägt zu einer Verarmung der Landschaft bei, so daß umfangreiche Landschaftspflegemaßnahmen erforderlich sind.

Die Issel wird landwirtschaftlich genutzt. Es überwiegt Ackerbau. Grünland findet man z. B. in zwei flach eingetieften Rinnen. Zwischen der offenen Ackerlandschaft der Issel und der feuchten, von Gehölzen und Wiesenland eingenommenen Rheinschlinge bestehen enge ökologische Wechselwirkungen.

Heutige ökologische Funktion

- Grundwassererneuerung durch Versickerung aus der Niederschlagsspende.
- Grundwasserspeicherung in den Lockergesteinen aus Niederterrassenkiesen und Sanden.
- Grundwasserzustrom aus den westlich gelegenen Niederterrassengebieten.
- Klimatische Ausgleichsfunktion zwischen den Ballungsgebieten: Temperaturausgleich und Durchlüftung.
- Großflächiger landschaftlicher Erholungsraum für die angrenzenden Siedlungsgebiete.

- Wichtige Schutzgebiete und ökologische Regenerationsflächen für die typischen Lebensgemeinschaften der Erlenbrüche und Flußauen.

Planungskonsequenzen
aus landschaftsökologischer Sicht
- Ausweitung der gesamten Ilvericher Rheinschlinge (vgl. RADERMACHER 1972), zumindest aber der naturnah erhaltenen Bruchwaldgebiete (Erlenbruch, Traubenkirschen-Erlen-Eschenwald) als Naturschutzgebiet ist sinnvoll (vgl. Karte der ökologischen Raumeinheiten).
- Biotop-Regenerationsgebiet in der Rheinschlinge Nr. 6: Bachbegleitende Auengehölze (vgl. Karte der Landschaftsdiagnose).
- Die Issel müßte als Landschaftsschutzgebiet ausgewiesen werden. Landschaftspflegemaßnahmen im Bereich des Grünlandes in der Rheinschlinge sowie im Bereich der Issel sind erforderlich.
- Schaffung von Erholungseinrichtungen für die ruhige Erholung (Wandern, Reiten, Naturerlebnis): Anlage von Wanderwegen, (stellenweise) Knüppeldämmen, Lehrpfaden, Reitwegen; Schaffung von Parkplätzen am Rande der Rheinschlinge.
- Die landwirtschaftlichen Nutzungsformen sollten im wesentlichen erhalten bleiben.
- Anlage von Einrichtungen der aktiven (intensiven) Erholung muß unterbleiben, um den einmaligen Reiz dieses an geomorphologischen und floristischen Besonderheiten reichen, noch relativ ungestörten Landschaftsraumes zu erhalten.
- Straßen- und Siedlungsplanung sollten diesen Raum verschonen. Besonders die geplante Verlegung der B 222 in diesen Raum würde eine Zerschneidung und Belastung dieses am Niederrhein einmaligen Landschaftsraumes bedeuten. Der Interessenkonflikt zwischen Verkehrsplanung und den planerischen Vorstellungen des Landschafts- und Naturschutzes muß hier zugunsten einer biologisch intakten Umwelt entschieden werden.

1.5. Dünenreste

Ursprünglicher Zustand
Östlich und nordöstlich von Lank-Latum hat sich ein morphologisch deutlich hervortretender Dünenzug erhalten (Heidberger Mühle, Vorstenberg, Heidberg). Er zeichnet sich durch trockene, nährstoffarme Sandböden aus und ist als ursprünglicher Buchen-Eichenwaldstandort zu betrachten.

Heutiger Zustand
Infolge von Abgrabungen (Sand, Kies) sind die Dünenreste teilweise in ihrem morphologischen Bild gestört (Heidberger Mühle, Heidberg) und bei weiterem Abbau in ihrem Bestand bedroht.
Geländeklimatisch sind sie gegenüber dem Umland durch größere Bodentrockenheit, geringere Nebel-

Abb. 7: Pappelkulturen mit typischen Feuchtgesellschaften in der Ilvericher Rheinschlinge.

häufigkeit und stärkere Windexposition charakterisiert.

Heutige ökologische Funktion
- Die Dünen sind als einzige Flächen in der Agrarlandschaft begrünt (Pioniergesellschaften aus Besenginsterheiden, Gehölze aus Sandbirke, Kiefern, Eberesche, Eiche).
- Durch den Reichtum an Tieren: Insekten, Vögel Niederwild (Kaninchen, Fasan, Feldhuhn) erweisen sich diese Gebiete als Refugien für die Tierwelt.
- Vereinzelt sind Heide, Trockenrasengesellschaften (Silikatmagerrasen) und Reste einer Silbergrasflur erhalten (Heidberg).

Planungskonsequenzen
aus landschaftsökologischer Sicht
- Als landwirtschaftliche Nutzflächen nicht geeignet.
- Wegen der Seltenheit, dem gut erhaltenen Zustand und der Charakteristik solcher Dünenbildungen im niederrheinischen Landschaftsbild wird die Erhaltung der Dünen und evtl. die Unter-

schutzstellung als geomorphologisches Naturdenkmal vorgeschlagen (vgl. Karte der Landschaftsdiagnose Nr. 11, 12, 13).

- Bei einer städtebaulichen Planung in diesem Raum wäre eine Einbeziehung in öffentliche Grünflächen möglich. Jedoch ist auch dann eine naturnahe Gestaltung erforderlich (z. B. Heide). Zur Aufnahme von Einrichtungen für massierte Erholung sind diese Flächen nicht geeignet (dürreempfindliche, nährstoffarme Böden).
- Naturnahe Begrünung und Bestandsumwandlung gemäß der potentiellen natürlichen Vegetation ist dringend erforderlich.

1.6. bis 1.8. Niederterrasse

Die westlich an die Rheinaue anschließende Niederterrasse ist in drei ökologische Raumeinheiten gegliedert:

- die höher gelegenen Niederterrassenplatten
- die Altstromrinnen mit mineralischen Grundwasserböden
- die Altstromrinnen mit organischen Grundwasserböden.

1.6. Niederterrassenplatten
Ursprünglicher Zustand

Die höher gelegenen Niederterrassenplatten besitzen durchschnittlich Meereshöhen zwischen 35 und 39 m über NN. Sie werden westlich und östlich an einigen Stellen durch steilhängige Erosionsränder des alten Rheinbettes unterschnitten. Sie sind frei von Oberflächengewässern und weisen Grundwasserflurabstände von 2—3 m unter Flur auf, die jedoch stellenweise unter- oder überschritten werden können. Vor allem am Rande der Niederterrassenplatten oder im Bereich zusedimentierter Rinnen kann das Grundwasser bis 1 m unter Flur ansteigen.

Die höhere Lage sowie die größere Bodentrockenheit im Verhältnis zu den Rinnen bedingen ein etwas günstigeres Mikroklima der bodennahen Luftschichten.

Die Böden sind aus Hochflutlehmen und -sanden, stellenweise auch aus Flugsanden hervorgegangen, so daß sich von den Bodenarten und vom Wasserhaushalt des Bodens her erhebliche Unterschiede in der biologischen Produktivität der einzelnen Standorte ergeben. Die Hochflutlehme waren je nach Bodenfrische von Flattergras- oder Perlgras-Buchenwäldern oder Sternmieren-Stieleichen-Hainbuchenwäl-

Abb. 8: Buchenhochwald im Herrenbusch.

Abb. 9: Buchen-Naturverjüngung im Buchen-Eichenwald.

Abb. 10: Der großflächige Einschlag in einen Altbestand bedeutet einen schweren Eingriff in das ökologische Gefüge der »Lebensgemeinschaft Wald«.

dern bestockt, während die Sande ärmere Buchenwälder oder Buchen-Eichenwälder trugen.

Heutiger Zustand

Die Niederterrassenplatten sind neben den Niederterrasseninseln der am dichtesten besiedelte Landschaftsraum des Plangebietes. Vielfach fallen die Siedlungsgrenzen mit den Erosionsrändern der Altstromrinnen zusammen (Terrassenrandsiedlungen). Die von Siedlungen freien Flächen werden landwirtschaftlich genutzt.

Die ärmeren Böden mit stärkerem Sandanteil sind z. T. bewaldet und zur ackerbaulichen Nutzung nicht geeignet. Sie tragen stellenweise noch naturnahe Waldvegetation aus Buchen-Eichenwäldern, sind aber vielfach forstlich umgewandelt (Kiefer, Roteiche).

Heutige ökologische Funktion

- Grundwasserneubildung auf der Niederterrasse durch rasche Versickerung der Niederschläge in die Niederterrassenschotter (besonders in den sandigen Hochflutbildungen).

- Durchlüftung der Niederterrasse zwischen den baulichen Verdichtungsräumen infolge der freien Lage.

- Rein ackerbaulich genutzte Gebiete (gute bis mittlere Ertragsleistung) sind meist völlig ausgeräumt und infolge mangelnder Durchgrünung biologisch stark verarmt.

- Bewaldete Flächen im Wechsel mit Feldflächen und Flurgehölzen bilden die ökologisch wertvollsten Gebiete der Niederterrassenplatten.

- Es treten die stärksten miteinander konkurrierenden Nutzungsansprüche durch Siedlung, Verkehr, Industrie, Kiesabbau und Landwirtschaft auf. Daher sind hier die stärksten Eingriffe erfolgt und die höchste Belastung zu verzeichnen (Zersiedlung, Lärmbelastung, Immissionen).

Planungskonsequenzen aus landschaftsökologischer Sicht

- Die Niederterrassenplatten bieten bevorzugte Siedlungsstandorte. Eine straffe Gliederung und Konzentration der Bebauung ist erforderlich. Hieraus können sich positive Wirkungen auf die Stadt- und Landschaftsentwicklung ergeben.

Abb. 11: Altbuchen vertragen keine plötzliche Freistellung. Das Abplatzen der Rinde (»Phelloderm«) führt zu weiteren Schäden, die die Bäume ernsthaft bedrohen. (An der Buche links im Bildvordergrund ist diese Rissebildung deutlich sichtbar).

Eine Konzentrierung der Bebauung unter Berücksichtigung der stadtklimatischen Erfordernisse und der landschaftlichen Belange bietet sich als Ansatzpunkt für städtebauliche Entwicklung an. Ein straffes Konzept verhindert eine weitere Zersiedlung, die durch bisher praktizierte Anlagerung neuer Wohngebiete an vorhandene, oftmals kleine Siedlungskerne schon erfolgt ist.

- Gliedernde Grünzüge sowie Schneisen zur Durchlüftung größerer Siedlungskomplexe müssen z. T. über die Niederterrassenplatten an die Altstromrinnen angebunden werden.

- Die Eignung für landwirtschaftliche Nutzung ist im allgemeinen gut. Die Flächenansprüche von Landwirtschaft und Städtebau müssen in diesen Bereichen sorgfältig abgestimmt werden.

- Flächen mit landschaftlichem Vorrang sind der Meerbusch und die östlichen Ränder des Strümper Busches.

- Schützenswerte Objekte in diesem Bereich (vgl. Karte der Landschaftsdiagnose Nr. 14, 15):
  14 Lindenalleen an Haus Pesch
  15 Park von Haus Pesch

1.7. Altstromrinnen der Niederterrasse mit mineralischen Grundwasserböden

Ursprünglicher Zustand

Die in die Niederterrassenplatten 2—5 m eingetieften Altstromrinnen stellen in der reliefschwachen Niederterrasse gliedernde Elemente dar.

Geländeklimatisch unterscheiden sich die Altstromrinnen von den Niederterrassenplatten durch höhere Luftfeuchte, Kaltluftabfluß und bei Abflußhindernissen Kaltluftstau sowie die relativ häufige Nebelbildung.

Die geringen Grundwasserflurabstände zeigen sich in typischen Bodenbildungen: Gleye, Gley-Braunerden sowie auf den Flächen mit Grundwassereinfluß bis in die Krume: Naßgleye.

Durch Unterschiede des Grundwasserflurabstandes, des Bodens und der Vegetation lassen sich im Bereich der Rinnen noch weitere Feingliederungen vornehmen, so daß die Altstromrinnen der Niederterrasse nicht als ein einheitlicher Ökotop, sondern als ein Mosaik eng miteinander verflochtener ökologischer Raumeinheiten aufgefaßt werden müssen.

Viele flache, in der Geländemorphologie kaum noch wahrnehmbare, zum größten Teil zusedimentierte Rinnen lassen sich nur noch an den Böden sowie an der Vegetation erkennen.

Natürliche Vegetationseinheiten sind eschenreiche Eichen-Hainbuchenwälder und typische Feuchte Eichen-Hainbuchenwälder.

Heutiger Zustand

In den Altstromrinnen sind auch heute noch z. T. naturnahe Wälder erhalten. Vorzugsweise werden sie aber als Pappelanbaugebiete oder als Dauergrünland genutzt. Ackerbau wird in den Gebieten mit abgesenktem Grundwasserstand betrieben. Die Bedeutung als Erholungsgebiete nimmt ständig zu.

Heutige ökologische Funktion
- Grundwassererneuerung und Grundwasserspeicherung.
- Zusammenfluß und Abfluß von Kaltluft. Häufige Bodenfrostlagen.
- Klimatische Ausgleichsfunktion zwischen den ausgeräumten Terrassenplatten und den stärker durchgrünten Rinnen.
- Größere und kleinere Erholungsgebiete im Bereich der abwechslungsreichen Landschaft.

Planungskonsequenzen aus landschaftsökologischer Sicht
- Die Altstromrinnen der Niederterrasse sind neben dem Rheinauenbereich die potentiellen Erholungsgebiete des Planungsraumes. Sie sollten als solche genutzt und gestaltet werden, unter weitestgehender Erhaltung der landschaftlichen und ökologischen Substanz.
- Landwirtschaftliche Nutzung ist bei abgesenktem Grundwasser möglich. Auf schweren Böden mit hohem Grundwasserstand ist Grünlandnutzung besser geeignet als Ackerland. Die landschaftlich sehr schön eingebundenen Höfe sollten erhalten bleiben.
- Forstliche Nutzung ist ebenfalls möglich. Aus Gründen der Landschaftspflege und der Ökologie sollten bodenständige Holzarten angebaut werden.
- Zur Bebauung sind die Rinnen mit Grundwasserflurabstand von weniger als 2 m aus folgenden Gründen nicht geeignet:
    a) Grundwasser im Schachtboden führt zu erheblichen Kostensteigerungen im Bau (Zusätzlich Gefahr nasser Kellerräume).
    b) Geländeklimatische Ungunst. Infolge von Kaltluftabfluß und hoher relativer Luftfeuchte kommt es zu häufiger Nebelbildung, Spätfrost sowie im Sommer in besonders austauscharmen Lagen zu Schwülebildung.
- Rinnenlagen sollten nicht durch Straßendämme und dgl. querverriegelt werden (Kaltluftstau).
- In den Altstromrinnen können Wasserrückhaltebecken eingeplant werden. Bei der Einleitung von Straßenabwässern muß Grundwasserkontakt ver-

Abb. 12: Als Naturdenkmal vorgeschlagene Lindenallee bei Haus Pesch.

mieden werden. Straßenabwässer sind i. A. nicht geeignet, ungeklärt in Oberflächengewässer eingeleitet zu werden.

1.8. Altstromrinnen der Niederterrasse mit organischen Grundwasserböden (Moorböden)

Ursprünglicher Zustand

Diese ökologische Raumeinheit unterscheidet sich von der unter 1.7. beschriebenen durch sehr hohen Grundwasserstand (0 – 0,4 m). Unter diesen Bedingungen bildeten sich Moorböden aus, da sich die absterbenden Pflanzen unter Luftabschluß nicht zersetzen konnten. Diese Gebiete sind typische Bruchwaldstandorte. Ursprünglich sind sie Erlen-Bruchwälder, während die Traubenkirschen-Erlen-Eschenwälder meist auf leichte Grundwasserabsenkung schließen lassen.

Heutiger Zustand

Vielfach sind noch Reste naturnaher Vegetation (Bruchwälder, Großseggenbestände) vorhanden. Forstlich wird das Gebiet als Pappelanbaugebiet (nach Drainage), landwirtschaftlich als Grünland genutzt. Das Grundwasser ist in den meisten Rinnen heute abgesenkt.

Abb. 13: Reste eines Hainbuchen-Niederwaldes im Herrenbusch.

Heutige ökologische Funktion

Wertvolle Lebensräume zur Erhaltung der Flora und Fauna der Bruchwaldgebiete und der übrigen naturnahen Flächen (Schutzgebiete und ökologische Regenerationsgebiete).
Übrige Funktionen wie unter 1.7.

Planungskonsequenzen
aus landschaftsökologischer Sicht
- Erhaltung als Regenerations- und Erholungsgebiete.
  Übrige Planungskonsequenzen wie unter 1.7.

1.9. Kempener Lehmplatte

Ursprünglicher Zustand

Die fast ebene Krefelder Mittelterrasse (Kempener Lehmplatte) ist klimatisch durch ein günstigeres Strahlungsklima und geringere Nebelhäufigkeit gekennzeichnet.
Sie war ursprünglich ebenfalls bewaldet. Die ausgezeichneten Böden (Parabraunerde aus Löß) trugen produktionsstarke Buchenwälder. Der tiefe Grundwasserstand schließt Grundwassereinfluß in den oberen Bodenschichten aus. Nur in einigen flachen Mulden trat das Grundwasser näher an die Oberfläche.

Heutiger Zustand

Das Gebiet der Kempener Lehmplatte um Osterath ist heute landwirtschaftlicher Produktionsraum, der bis auf die Eingrünung von Einzelhöfen und Siedlungen eine völlig ausgeräumte Landschaft darstellt. Die starke Windexposition ist eine Folge der völligen Ausräumung.

Heutige ökologische Funktion

- Die Mittelterassenplatte ist ausschließlich landwirtschaftliche Produktionsfläche und besitzt keine sonstigen ökologischen Funktionen für den Gesamtraum. (Über die negativen ökologischen Auswirkungen ausgeräumter Agrargebiete vgl. BAUER 1973).

- Grundwasserneubildung gering, da Lößböden nur geringe Sickerspende ergeben.

Planungskonsequenzen
aus landschaftsökologischer Sicht

- Als landwirtschaftlicher Produktionsraum sehr gut geeignet.
  Verbesserung der ökologischen Struktur mit Hilfe von Durchgrünung erforderlich.

- Als Siedlungsstandort sehr gut geeignet, da klimatisch günstige Lage (geringe Nebelgefährdung im Vergleich zur Niederterrasse) sowie geringere Belastung durch Flug- und Verkehrslärm.

Konkurrierende Ansprüche der Landnutzung (Landwirtschaft und Siedlung) müssen abgestimmt werden.

2. Erläuterung der Karte der Landschaftsdiagnose

2.1. Landschaftsökologisch wertvolle Gebiete

Dieses sind Flächen, die für den Naturhaushalt von großer Bedeutung sind. Sie sollten erhalten bleiben, weil sie ökologische Ausgleichsfunktionen wahrnehmen und intakte Lebensräume darstellen. Sie sind wichtig als Freiraum, für die Sauerstoffproduktion und/oder für die Staubfiltrierung. Aufgrund ihrer landschaftlichen Vielfalt erscheinen sie für die ruhige Erholung gut geeignet.

Soweit sie noch nicht Landschaftsschutzgebiete sind, ist eine Unterschutzstellung anzustreben. Für diese Gebiete sollte grundsätzlich Bauverbot gelten. Sie sind z. T. durch Straßen und Fluglärmzonen belastet.

2.2. Vorgeschlagenes Naturschutzgebiet

Ein Teil der Ilvericher Rheinschlinge (Flur: „Im Tiefen Bruch" und „Die Meer") sollte als Naturschutzgebiet ausgewiesen werden. Das Gebiet ist geomorphologisch interessant. Es besitzt eine naturnahe Vegetation und reiche Fauna. Besonders wertvoll sind die Erlenbrüche und Traubenkirschen-Erlen-Eschenwälder.

2.3. Naturdenkmale

Mehrere Objekte werden zur Ausweisung als Naturdenkmale vorgeschlagen. Sie müßten z. T. als flächenhafte Naturdenkmale ausgewiesen werden.

2.4. Biotop-Regenerationsgebiete

Hierbei handelt es sich um wertvolle Gebiete, die durch aktive Gestaltung mit Hilfe von Landschaftspflegemaßnahmen zu hochwertigen Biotopen regeneriert werden können. Sie dienen als Regenerationsgebiete und Refugien für Flora und Fauna.

2.5. Grünzüge zur Verbesserung des Geländeklimas

Diese Grünzüge werden vor allem in den Rinnen vorgeschlagen, die von Bebauung freigehalten werden müssen, um eine Ventilation des Stadtgebietes zu ermöglichen. Im SO von Büderich dient der Grünzug auch der Absorption und Ableitung der Industrie-Immissionen. Entlang der Bundesautobahn ist ein Lärmschutzstreifen eingetragen.

Die Grünzüge sind so vorgeschlagen, daß im Falle der zunehmenden Bebauung des Stadtgebietes ausreichende Flächen für öffentliche Grünanlagen vorhanden sind. In den meisten Fällen sind diese Bereiche auch landschaftlich oder ökologisch bedeutsam.

2.6. Landwirtschaftliche Nutzflächen

Aus landschaftsökologischer Sicht sollten diese Gebiete weiterhin landwirtschaftlich genutzt, d. h. nicht bebaut werden. Entsprechende Ausweisung im Flächennutzungsplan sollte erfolgen. Dies ist nicht nur zur Erhaltung des Landschaftsbildes, sondern auch zur Sicherung von Freizonen notwendig.

2.7. Kiesbaggerteiche

Es sind die vorhandenen Abgrabungen eingetragen, die nicht wesentlich erweitert werden sollten.

Nach erfolgter Ausbeutung und Rekultivierung eignen sich diese Bereiche zur Nutzung für aktive Erholung. Dabei sollte jedoch immer ein Teilbereich als Biotop-Regenerationsgebiet (20 – 30 % der Flächen) mit eingeplant werden.

2.8. Aktivitätszonen der Erholung

Aus ökologischer Sicht wurden einige Bereiche eingetragen, in denen ohne Schaden für den Naturhaushalt der Landschaft Intensivbereiche für aktive Erholung (auch Bauten) eingerichtet werden können.

2.9. Lärmzonen der Bundesstraßen und Bundesautobahnen

Unabhängig von den Lärmzonen der übrigen Verkehrswege (Landstraßen, Eisenbahnen etc.) sind die Immissionsbänder der Bundesstraßen und vorhandenen sowie geplanten Bundesautobahnen eingetragen. Ausgehend von den Messungen und Berechnungen von LEUTENEGGER (1971) sind folgende Lärmzonen eingetragen: Bei einer angenommenen Verkehrsdichte von nur 500 Kfz/h reicht der Lärmpegel von 40 dB (A) bei Straßen in freier Landschaft 400 m, in Waldbereichen 250 m, in bebauten Bereichen 200 m beiderseits der Autobahn.

2.10. Lärmzone des Flughafens Düsseldorf-Lohausen

Eingetragen ist die Lärmzone des Flugverkehrs gemäß Lärmgutachten vom 30. 9. 71.

2.11. Industrie-Immissionen

Im Bereich der Industrie in Büderich wurden entsprechend der mittleren Häufigkeit der Windrichtung die Flächen eingetragen, die von Immissionen überdeckt werden.

Zusammenfassung

— Planungskonsequenzen für die Stadtentwicklung aus landschaftsökologischer Sicht —

Bei der städtebaulichen Neuordnung der Stadt Meerbusch besteht noch die Möglichkeit einer umweltfreundlichen Planung.
Voraussetzung dazu ist:

- Bauliche Verdichtung und flächenmäßige Beschränkung der Siedlungsausdehnung.
- Umweltgerechte Standortwahl neuer Siedlungsschwerpunkte unter Schonung der landschaftsökologischen Vorranggebiete.
- Berücksichtigung der stadtklimatischen Gesichtspunkte.
- Erhaltung größerer, zusammenhängender, naturnah gestalteter Landschaftsräume, die aufgrund ihrer ausgeglichenen ökologischen Struktur geeignet sind, ökologische Ausgleichsfunktionen zu übernehmen (Schutz von Klima, Boden, Wasser und Biosphäre).

Für die Stadtentwicklung ist folgendes zu beachten:

- Das Plangebiet ist für die künftige Stadtentwicklung in bestimmten Teillandschaften geeignet.

Solche Räume sind:

1. Raum Osterath

Bewertungsstufe I

Vorteile: Keine Gefahr der Landschaftszerstörung,
günstiges Wohnklima,
keine Lärmbelästigung,
gute Baugrundverhältnisse.

Nachteile: Vorhandene Industrie (Immissionen)

Konflikte: Landwirtschaft — Bebauung

2. Raum Lank — Latum

Bewertungsstufe II

Vorteile: Relativ günstiges Wohnklima,
landschaftliche Vorzüge (Naherholung),
keine Lärmbelastung,
überwiegend gute Baugrundverhältnisse

Nachteile: Keine zentrale Lage im Stadtgebiet,
Immissionen von Industrie Krefeld bei NW-Wind,
unzureichende Verkehrserschließung

Konflikte: Keine

3. Raum Strümp

Bewertungsstufe III

Vorteile: Zentrale Lage,
gute Verkehrsverbindung,
landschaftliche Vorzüge

Nachteile: Vielfach ungünstiges Wohnklima,
starke Lärmbelastung (BAB, B 222, Fluglärm),
z. T. schwierige Baugrundverhältnisse

Konflikt: Landschaft — Siedlung

- Wesentliches Merkmal des Raumes ist seine wertvolle landschaftliche Substanz, die eine große Attraktivität der Stadt ausmacht. Das Gebiet besitzt hohen Wohnwert und hohen Erholungswert für die umgebenden Ballungsräume.
- Vor allem die Rheinuferzone besitzt als geschlossener, noch weitgehend unbelasteter Landschaftsraum hohen Erholungswert. Die hier geplante Fernverkehrstraße (B 222) würde diesen Raum in nicht vertretbarer Weise belasten (vgl. Diagnosekarte).

Literaturverzeichnis

BACH: Die klimatischen Verhältnisse im Stadtgebiet von Meerbusch. Gutachten d. Dt. Wetterdienstes, Wetteramt Essen, 1972

BAUER, G.: Landschaftsökologische Grundlagen für den Kreis Grevenbroich. Niederrheinisches Jahrbuch Band XII, Krefeld 1973 = Beiträge zur Landesentwicklung Nr. 25, Köln 1973

EMONDS, H.: Das Bonner Stadtklima, Arbeiten z. Rhein. Landeskunde Bd. 7, Bonn 1954

KALTERHERBERG, J.: Erläuterungen zur ingenieurgeologischen Übersichtskarte M. 1 : 25000 vom Stadtgebiet Meerbusch (mit 3 Karten u. 1 Tabelle). Manuskript, Krefeld 1972

KNÖRZER, K. H.: Wanderung zur Ilvericher Rheinschlinge. Beiträge zur Landesentwicklung Nr. 1, Köln 1966

KNÖRZER, K. H.: Dünenvegetation am Niederrhein mit Elementen der kontinentalen Salzsteppe. Decheniana, Bd. 117 Hft. 1/2, 1964

KNÖRZER, K. H.: Pflanzenwanderungen am Niederrhein. Der Niederrhein, 30. Jg. Hft. 4, 1963

KNÖRZER, K. H.: Die Pflanzengesellschaften der Wälder im nördlichen Rheinland zwischen Niers und Niederrhein und experimentelle Untersuchungen über den Einfluß einiger Baumarten auf ihre Krautschicht. Gebot. Mitteil. Hft. 6, 1957

LEUTENEGGER, V.: Untersuchungen über die Belastung der Bodenseelandschaft durch den Verkehrslärm. Natur und Landschaft, 46. Jg. H. 10, 1971

MAAS, H., MÜCKENHAUSEN, E.: Böden. In: Deutscher Planungsatlas Bd. I: Nordrhein-Westfalen, Lieferung 1. Hrsg.: Akademie für Raumforschung und Landesplanung, Hannover 1971

OBERDORFER, E.: Pflanzensoziologische Exkursionsflora für Süddeutschland, Ulmer, Stuttgart 1970

PAFFEN, K. H., SCHÜTTLER, MÜLLER-MINY, H,: Die naturräumlichen Einheiten auf Blatt 108/109 Düsseldorf-Erkelenz. Bundesanstalt für Landeskunde, Bad Godesberg 1963

RUNGE, F.: Die Pflanzengesellschaften Deutschlands, Münster/W. 1969

TÜXEN, R.: Die heutige potentielle natürliche Vegetation als Gegenstand der Vegetationskartierung. Ang. Pflanzensoziologie 13 (S. 4-52), Stolzenau 1956

TRAUTMANN, W.: Vegetation (Potentielle natürliche Vegetation) Deutscher Planungsatlas Bd. I: Nordrhein-Westfalen, Lieferung 3, Hrsg.: Akademie für Raumforschung und Landesplanung, Hannover 1972

TRAUTMANN, W.: Erläuterung zur Karte der potentiellen natürlichen Vegetation der Bundesrepublik Deutschland, Blatt Minden (85). Schriftenreihe für Vegetationskunde, 1, Bad Godesberg 1966

Benutzte Karten und Unterlagen

1. Ingenieurgeologische Karten vom Stadtgebiet Meerbusch 1 : 25 000
   Bearbeiter: Obergeologierat Dr. J. Kalterherberg, Krefeld 1972

2. Bodenkarte 1 : 50 000
   Blatt Krefeld, Geolog. Landesamt, Krefeld

3. Geologische Karten 1 : 25 000
   Blätter Krefeld, Düsseldorf-Kaiserswerth, Willich und Düsseldorf, Geolog. Landesamt, Krefeld

4. Bodenkarte 1 : 25 000 (unveröff. Manuskript)
   Blätter Willich, Düsseldorf-Kaiserswerth, Düsseldorf
   1 : 50 000
   Blatt Düsseldorf, Geolog. Landesamt, Krefeld

5. Grundwassergleichenkarte für April 1957
   Wasserwirtschaftsamt Düsseldorf

6. Karte der Belastung der Oberflächengewässer
   Wasserwirtschaftsamt Düsseldorf

7. Stellungnahme zur landschaftlichen Entwicklung im Stadtgebiet Meerbusch
   K. H. Radermacher, Bezirksstelle für Naturschutz und Landschaftspflege im Regierungsbezirk Düsseldorf, Düsseldorf 1972

8. Fluglärmgutachten vom 30. 9. 1971 (Lärmkurven)
   Flughafen Düsseldorf GmbH

9. Unterlagen des Wasser- und Schiffahrtsamts Duisburg-Rhein (Austiefung der Vorlandflächen zur Hochwassersicherung und Vorflutverbesserung)
   Schreiben vom 16. 6. 1972

10. Unterlagen der Arbeitsgemeinschaft Planung-Meerbusch
    Planungsbüro Spengelin-Glauner-Zlonicky

11. Topographische Kartenunterlagen
    Stadt Meerbusch

Schriftenreihe
Beiträge zur Landesentwicklung

Lieferbar aus den Veröffentlichungen 1966—1973:

Nr. 2.1
F. W. Dahmen, G. Dahmen, H. V. Herbst, K. Krings, W. Paas, E. Patzke, W. und P. Schnell, R. Tüxen
I, Erforschung des Naturlehrparks Haus Wildenrath.
Mit 1 topograph. Karte 1:1000, 1 Übersichtskarte 1:3000, 4 thematischen Karten 1:2500, 2 Kartenskizzen, 2 Profilen und 21 Tabellen.
Köln-Erkelenz 1969   Preis DM 7,50

Nr. 12
F. W. Dahmen, G. Dahmen, U. Kisker, D. K. Martin
4, Führer zum pflanzenkundlichen Lehrpfad im Naturlehrpark Haus Wildenrath.
2. verb. und erg. Auflage.
Mit 1 Übersichtskarte 1:3000, 2 Kartenskizzen, Strichzeichnungen und Fotogrammen von 94 Pflanzen.
Hrsg.: Verein Linker Niederrhein.
Krefeld-Köln 1969   Preis DM 4,80

Nr. 22
F. W. Dahmen, G. Dahmen, W. H. Diemont, U. Kisker, D. K. Martin
4, Gids van het plantkundige natuurpad in het natuurstudiepark Haus Wildenrath.
Niederländische Ausgabe von der 2. verb. und erg. Auflage.
Mit 1 Übersichtskarte 1:3000, 2 Kartenskizzen, Strichzeichnungen und Fotogrammen von 94 Pflanzen.
Hrsg.: Verein Linker Niederrhein und Landschaftsverband Rheinland.
Krefeld-Köln 1971   Preis DM 4,80

Nr. 25
G. Bauer, W. Beyer, P. Brahe, F. W. Dahmen, G. Dahmen, W. Erz, K. Gerresheim, L. W. Haas, J. Hild, U. Kisker, J. Klasen, H. Mertens, G. Penker, R. Rümler, H. Schaefer, A. Schulz, J. Sticker
Landschaftspflege am Niederrhein
= Niederrheinisches Jahrbuch Band XII.
Mit 1 Auswertekarte zur Bodenkarte von Nordrhein-Westfalen 1:50 000 Blatt Krefeld, 2 Ökodiagrammen, 1 Karte »Ökologische Raumeinheiten« für den Kreis Grevenbroich 1:100 000 als Beilagen und div. Karten, Abbildungen, Tabellen im Text.
Hrsg.: Verein Linker Niederrhein und Landschaftsverband Rheinland.
Krefeld-Köln 1973   Preis DM 25,—

Nr. 26
Arndt Schulz
Erholungsverkehr und Freiraumbelastung im Rheinland.
Mit 3 Karten und div. Tabellen.

Arndt Schulz
Die Erholungsgebiete der Eifel.
Mit 7 Karten und div. Tabellen.
Köln 1973   Preis DM 5,—

Nr. 27
Gerta Bauer
Geplantes Naturschutzgebiet Entenweiher.
Nachtrag zu: Die geplanten Naturschutzgebiete im rekultivierten Südrevier des Kölner Braunkohlengebietes — Landschaftsökologisches Gutachten — (Beiträge zur Landesentwicklung Nr. 15, Köln 1970).
Mit 4 Karten.

Gerta Bauer
Landschaftsökologisches Gutachten Bleibtreu-See.
Grundlagen für die Erholungsplanung im Raum Bleibtreu-See des Erholungsparks Ville.
Mit 1 Übersichtskarte und 4 thematischen Karten.
Köln 1973   Preis DM 7,50

Nr. 28
Tag der Rheinischen Landschaft 1972.
Kevelaer am Niederrhein. 23.—24. September 1972.
Tagungsbericht mit 1 Übersichtskarte 1:200 000 als Beilage, div. Karten, Abbildungen, Tabellen im Text.
24 Beiträge verschiedener Autoren.
Köln 1973   Preis DM 4,50

Nr. 29
Gerta Bauer
Landschaftsökologisches Gutachten für die Stadt Meerbusch.
Mit 13 Abbildungen, 5 Tabellen und 6 thematischen Karten.
Köln 1973   Preis DM 7,50

Nr. 30
F. W. Dahmen, G.-J. Kierchner, H. Schwann, F. Wendebourg, W. Westphal, R. Wolff-Straub
Landschafts- und Einrichtungsplan Naturpark Schwalm-Nette.
Mit 1 Beitrag von W. Pflug.
13 Abbildungen und 2 Tabellen im Text, zahlreiche Tabellen und Listen im Anhang.
42 thematische Karten mit Erläuterungstext und einer Legende zum Erholungskataster.
Hrsg.: Landschaftsverband Rheinland und Zweckverband Naturpark Schwalm-Nette.
Köln 1973   Preis DM 25,—

Rheinland-Verlag GmbH · Köln
5 Köln 21   Landeshaus
in Kommission bei Rudolf Habelt Verlag GmbH · Bonn

Berichtigung

In Karte 2: Oberflächengewässer und Karte 3: Geländeklima entsprechen die schwarzen Signaturen der Legende den blauen Signaturen in der Karte.